kosmos bibliothek

Band 296

Joachim W. Ekrutt

Die Kleinen Planeten

Planetoide und ihre Entdeckungsgeschichte

Kosmos
Gesellschaft der Naturfreunde
Franckh'sche Verlagshandlung
Stuttgart

Umschlag von Edgar Dambacher
Das Bild zeigt den Barringer-Krater in Arizona, USA
Mit 40 Abbildungen, davon 14 Farbfotos und 8 Schwarzweißfotos
sowie 18 mehrfarbigen Zeichnungen von Klaus Meier

Die Bände der Kosmos-Bibliothek erscheinen als Vierteljahres-Buchbeigaben der Monatshefte Kosmos – Bild unserer Welt

Für die Bezieher (Mitglieder) des Kosmos
bilden sie einen Bestandteil der Abonnementsleistung

Kosmos-Bibliothek 1977:
Band 293: Heierli, Graubünden in Farbe
Band 294: Becker-Carus, Wer träumt, schläft besser
Band 295: Hagemann/Egli, Botanik mit der Lupe
Band 296: Ekrutt, Die Kleinen Planeten

Über Veröffentlichungen, Bedingungen und Leistungen des Kosmos
unterrichtet Sie jede Buchhandlung
oder die Hauptgeschäftsstelle des „Kosmos“: Postfach 640, 7000 Stuttgart 1

Bild 1 (Seite 2). Fotografisches Doppel-Fernrohr der Landessternwarte Heidelberg-Königstuhl, der „Bruce-Astrograph“. Mit keinem Fernrohr sind so viele Kleine Planeten entdeckt worden wie mit dem Bruce-Astrographen. Aufnahme V-Dia-Verlag.

Franckh'sche Verlagshandlung, W. Keller & Co. Stuttgart/1977

LH 14 hö / ISBN 3-440-00296-9 / Printed in Germany / Imprimé en Allemagne
Gesamtherstellung: Konrad Triltsch, Graphischer Betrieb, 87 Würzburg

Die Kleinen Planeten

Einleitung

Wenn Sie nach Himmelskörpern und ihren Namen gefragt werden sollten, fallen Ihnen sicher zunächst nur altehrwürdige wie Merkur und Venus, Sirius und Aldebaran ein. Könnten Sie sich aber vorstellen, daß es auch Himmelskörper gibt, die Ingrid und Gisela oder Hamburga, Heidelberga und Bamberga heißen, die letzten benannt nach den sofort erkennbaren deutschen Städten? Wohl kaum, und doch gibt es sie in großer Zahl, mit teilweise abenteuerlichen Namen und hochinteressanten Eigenschaften.

Bei den Himmelskörpern, die so eigenartig benannt sind, handelt es sich um Kleine Planeten. Man nennt sie auch Planetoiden oder Asteroiden. Schon der Name sagt eine Menge über sie aus. Planeten, wie z. B. die Erde, sind Begleiter der Sonne, und genau wie diese ihre großen Brüder kreisen auch die Planetoiden um die Sonne; in der überwiegenden Zahl zwischen dem Mars und dem Jupiter. Ihre Anzahl ist so groß, daß man auch von dem Ring oder dem Gürtel der Kleinen Planeten um die Sonne spricht (vgl. Bild 2). Der Name Asteroiden (kleine Sterne) ist dagegen nicht ganz korrekt, denn es handelt sich bei diesen Himmelskörpern ja gerade nicht um ferne Fixsterne, die wie die Sonne selbst leuchten, sondern um Begleiter unserer ei-

Bild 2. Unser Sonnensystem (nur bis Jupiter maßstabsgerecht).

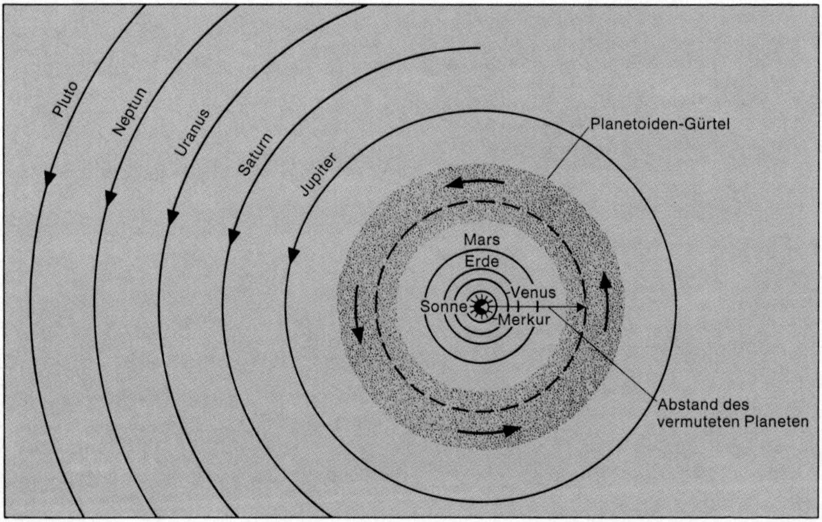

Bild 3. Wilhelm Olbers (1758 bis 1840), der Entdecker der Kleinen Planeten Pallas und Vesta. Pastellbild von J. C. A. Schwartz

genen Sonne. Er zeigt jedoch eine weitere Besonderheit dieser Gestirne. Betrachtet man sie nämlich am Himmel, so unterscheiden sie sich in ihrem Aussehen nicht von den vielen Millionen dort leuchtenden Sternen. Sie sind punktförmig. Woran kann man sie dann erkennen? Nur an ihrer Bewegung, denn im Unterschied zu den feststehenden Sternen laufen sie langsam am Himmel weiter, eine einfache Folge ihrer Planeteneigenschaft, die sie um die Sonne herumlaufen läßt. Und ihr letztes Merkmal, klein zu sein, ist auch durchaus wörtlich zu nehmen. Sie sind nämlich so klein, daß man keinen einzigen von ihnen mit dem bloßen Auge beobachten kann, sondern nur mit einem Fernrohr. Kein Wunder also, wenn die Entdeckung des ersten Kleinen Planeten verhältnismäßig lange auf sich warten ließ; bis zum Beginn des 19. Jahrhunderts.

Die Entdeckung der Kleinen Planeten

Es war schon eine ehrwürdige Gesellschaft, die sich an einem Herbsttage des Jahres 1800 in dem kleinen Städtchen Lilienthal bei Bremen versammelte. Gastgeber war JOHANN HIERONYMUS SCHRÖTER, der in Lilienthal eine große Privatsternwarte unterhielt. Unter den Gästen befanden sich der Bremer Arzt Dr. WILHELM OLBERS, ein begeisterter Amateurastronom, der noch eine wichtige Rolle in der Geschichte der Kleinen Planeten spielen sollte, KARL LUDWIG HARDING, ein Mitarbeiter Schröters, und der Baron FRANZ XAVER VON ZACH, Hofastronom des Herzogs

Bild 4. Giuseppe Piazzi (1746 bis 1826) Entdecker der Ceres. Staatliche Kunstsammlungen Dresden, Aufn. Pfauder

Ernst von Sachsen-Gotha. Im Laufe des Gesprächs trug Zach eine Idee vor. Er meinte, daß sich im Raum zwischen dem Planeten Mars und Jupiter noch ein weiterer, unentdeckter Planet verborgen halten müsse. Das war nicht einfach aus der Luft gegriffen, sondern Ergebnis einer vernünftigen Überlegung. Rund 30 Jahre zuvor hatte der deutsche Professor Johannes Daniel Titius eine Formel gefunden, mit der die Abstände der Planeten von der Sonne recht genau angegeben werden konnten. Danach sollte etwa 2,8mal weiter von der Sonne entfernt als die Erde ein Planet zwischen Mars und Jupiter kreisen – den aber noch niemand gesehen hatte. Zach regte daher an, den Himmel in 24 Teilbereiche einzuteilen und jeden Bereich von einem Beobachter absuchen zu lassen, um so den neuen Planeten zu finden. Der Vorschlag wurde angenommen, Briefe wurden versandt – niemand ahnte, wie rasch die Lösung kommen sollte.

Die Ceres Ferdinandea

Sie kam schon drei Monate später, interessanterweise genau zu Beginn eines neuen Jahrhunderts. Das 19. Jahrhundert fing nicht etwa am 1. Januar 1800, sondern erst am 1. Januar 1801 an, weil unsere Zeitrechnung kein Jahr Null kennt (vgl. Kosmos-Bibliothek 274 „Der Kalender im Wandel der Zeiten“, Seite 58). In Palermo auf Sizilien beobachtete am Abend des 1. Januar 1801 der Astronom und Pfarrer Giuseppe Piazzi das Sternbild Stier. Er wollte einige ältere Sternkarten kontrollieren und vermutete Fehler verbessern. Dabei entdeckte er einen Stern, der auf seiner Karte

Bild 5. Carl Friedrich Gauß (1777 – 1855), der „Fürst der Mathematiker". Pastellbild von J. C. A. Schwartz

nicht verzeichnet war. Er schenkte ihm zunächst wenig Beachtung, fand aber an den folgenden Abenden, daß sich dieser kleine Stern bewegte. PIAZZI vermutete zunächst einen Kometen und berichtete am 23. Januar über seine Entdeckung in einem Brief an den Berliner Astronomen JOHANN ELERT BODE. Danach bestimmte er weiter die Positionen des Gestirns, mußte jedoch am 11. Februar die Beobachtung wegen einer Erkrankung abbrechen. BODE erhielt die Nachricht in Berlin erst am 20. März 1801 und vermutete gleich, daß es sich hier nicht um einen Kometen, sondern um einen Planeten handeln müsse. PIAZZIS Gestirn bewegte sich für einen Kometen zu langsam. Er veröffentlichte die Beobachtungen des Italieners in der damals bedeutendsten Fachzeitschrift, der „Monatlichen Correspondenz zur Beförderung der Erd- und Himmelskunde" des Barons VON ZACH. PIAZZI selbst taufte sein neuentdecktes Gestirn „Ceres Ferdinandea", nach der römischen Göttin der Pflanzen und der Fruchtbarkeit Ceres und dem König FERDINAND IV. von Neapel und Sizilien, dem Gründer der Sternwarte von Palermo. Später nannte man das Gestirn nur noch Ceres.

Damit war zunächst einmal alles zu Ende. Niemand außer PIAZZI hatte das neue Gestirn gesehen und auch er insgesamt nur für gerade 1½ Monate. Wie sollte man die neuentdeckte Ceres wiederfinden?

Dieses Problem zu lösen, blieb einem der genialsten Mathematiker aller Zeiten vorbehalten, CARL FRIEDRICH GAUSS. Der damals 24jährige GAUSS lebte in Braunschweig, war in der Welt der Wissenschaft noch wenig bekannt, erkannte aber sofort die Chance, die ihm die Entdeckung der Ceres bot. Er entwickelte eine ganz neuartige Methode, um aus wenigen beobachteten Orten die Bahn eines Himmelskörpers um die Sonne zu bestimmen und berechnete daraus die Position der Ceres für den Jahreswechsel 1801/1802. Tatsächlich gelang es daraufhin OLBERS und ZACH, die Ceres an der vorherberechneten Stelle wiederzufinden. Die Begeisterung war verständlicherweise groß, denn Ceres bewegte sich genau an der Stelle, an der man den unbekannten Planeten vermutet hatte; 2,8mal weiter von der Sonne entfernt als die Erde. Doch da trat etwas ein, was keiner für möglich gehalten hatte. Bei der Beobachtung der Ceres entdeckte OLBERS am 28. März 1802 in Bremen gleich noch einen weiteren Planeten, den er Pallas, nach der Göttin Pallas Athene, nannte. CARL FRIEDRICH GAUSS berechnete mit seinem neuartigen Verfahren wiederum Bahn und Positionen des neuen Gestirns für die Zukunft. OLBERS, hellhörig geworden, regte weitere Beobachtungen an, und tatsächlich gelang dem Astronomen HARDING, der schon bei der ersten Besprechung Ende 1800 dabei gewesen war, am 1. September 1804 die Entdeckung des dritten Kleinen Planeten, der Juno, nach der römischen Göttermutter, genannt wurde. Am 29. März 1807 schließlich verbuchte noch einmal OLBERS einen Erfolg, indem er den Planetoiden Vesta fand (die römische Göttin des Herdes und des Herdfeuers). Gleich vier neue Planeten waren somit in einem Zeitraum von gerade sechs Jahren dort entdeckt worden, wo man nur einen vermutet hatte – man kann sich die Aufregung und Begeisterung der Astronomen über eine solche Flut von Entdeckungen zu Beginn eines neuen Jahrhunderts leicht vorstellen.

Etwas notwendige Mathematik

Mit der Entdekung der Vesta trat zunächst einmal eine Beruhigung ein. Keinem Astronomen gelang es in den nächsten Jahren, einen weiteren Kleinen Planeten zu entdecken. Grund genug, auch hier eine kurze Pause einzulegen. Das wichtigste Ergebnis dieser Jahre war neben der Bereicherung des Sonnensystems um gleich vier neue Mitglieder vor allem die Entwicklung neuer mathematischer Methoden zur Bahnbestimmung durch CARL FRIEDRICH GAUSS. Er veröffentlichte seine Überle-

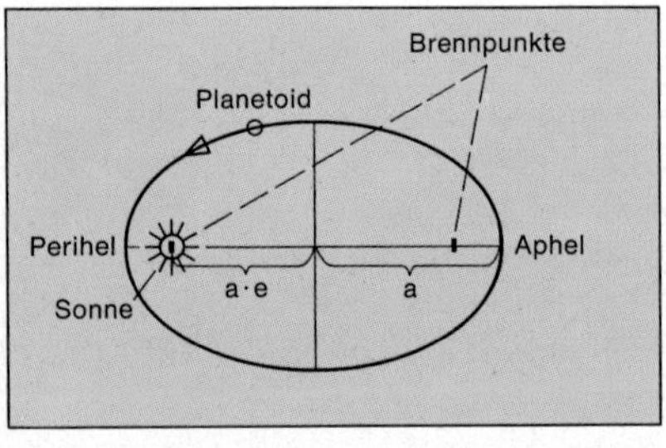

Bild 6. Die Ellipsenbahn eines Kleinen Planeten.

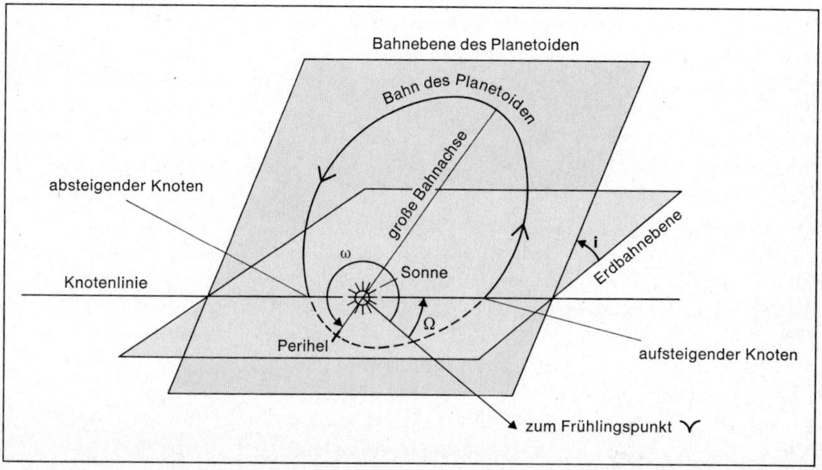

Bild 7. Die Bahnelemente eines Kleinen Planeten.

gungen im Jahre 1809 in dem Buch „Theoria motus corporum coelestium" (Theorie über die Bewegung der Himmelskörper). Auf dieser grundlegenden Arbeit bauten alle weiteren auf; sogar heute noch wird die Bahn eines neuentdeckten Kleinen Planeten im Prinzip nach dem von GAUSS entwickelten Verfahren bestimmt. Als Ergebnis kommen bei einer solchen Bahnbestimmung die sogenannten „Bahnelemente" des Kleinen Planeten heraus, die wir erklären müssen, weil sie nötig sind für das Verständnis der folgenden Kapitel.

Jeder Planetoid (und auch jeder große Planet) beschreibt eine elliptische Bahn um die Sonne. Eine solche Ellipse, wie wir sie in Bild 6 finden, wird in ihrer Form durch zwei Größen bestimmt, einmal durch die große Halbachse a und die Exzentrizität e. Die große Halbachse entspricht der durchschnittlichen Entfernung des Planeten von der Sonne, die Exzentrizität ist ein Maß für die Form der Ellipse. Ist sie wesentlich kleiner als 1, ähnelt die Ellipse einem Kreis (ein Kreis ist eine Ellipse mit der Exzentrizität 0), ist sie groß, wird die Ellipse immer ovaler oder „eiförmiger", bis sich bei der Exzentrizität 1 oder größer eine ins Unendliche reichende Parabel oder Hyperbel ergibt. Die meisten Bahnen der Kleinen Planeten haben eine geringe Exzentrizität und ähneln Kreisen; es gibt aber auch einige interessante Ausnahmen. Außerdem bestimmt die Exzentrizität die Lage der sogenannten „Brennpunkte" der Ellipse; in einem dieser Brennpunkte steht bei den Planetenbahnen die Sonne.

Während diese beiden Bahnelemente die Form der Planetenellipse bestimmen, sagen die nächsten etwas über ihre Lage im Raum aus. Die wichtigste Größe ist die

Neigung *i*, das ist der Winkel zwischen der Ebene, in der der Kleine Planet wandert, und der Erdbahnebene. Die Schnittlinie zwischen beiden heißt Knotenlinie und deren Lage bestimmt die sogenannte „Knotenlänge Ω". Das ist der Winkel zwischen dem Punkt der Erdbahnebene, in dem die Erde immer bei Frühlingsanfang steht (Frühlingspunkt oder auch Widderpunkt ♈) und dem Durchstoßpunkt der Planetenbahn durch die Erdbahnebene, den der Planet einmal während eines Umlaufs von der Süd- auf die Nordseite durchwandert (sogenannter „aufsteigender Knoten"). Zählt man von hier aus weiter bis zum sonnennächsten Punkt der Planetenbahn, dem sogenannten „Perihel", erhält man das letzte Bahnelement, die Perihellänge *ω*. Bild 7 zeigt die Zusammenhänge.
Wichtig ist außerdem noch die Zeit *T* in Jahren, die der Planetoid braucht, um die Sonne einmal zu umrunden. Der Steckbrief der vier ersten Planetoiden sieht dann z. B. so aus:

	a	*e*	*i*	Ω	*ω*	*T*
Ceres	2,77	0,08	10,6°	80,42°	150,18°	4,60
Pallas	2,77	0,24	34,8°	172,80°	122,91°	4,60
Juno	2,67	0,26	13,0°	170,02°	57,11°	4,36
Vesta	2,36	0,09	7,1°	103,63°	253,56°	3,63

Die große Halbachse *a* wird üblicherweise in Astronomischen Einheiten, das ist die mittlere Entfernung Erde – Sonne, angegeben: eine Astronomische Einheit entspricht 149,6 Millionen Kilometern.
Diese Bahnelemente sind allerdings keine unveränderlichen Größen, sondern ändern sich laufend. Sie müssen daher durch Beobachtungen ständig kontrolliert und verbessert werden, was zunächst bei nur vier Himmelskörpern dieser Art nicht schwierig war, später aber ein immer größeres Problem wurde. Denn:

Die Planetenjagd beginnt

1807 hatte Wilhelm Olbers den letzten Planetoiden entdeckt. Nachdem er zehn Jahre lang weiter den Himmel beobachtet hatte und keinen weiteren Planetoiden mehr fand, meinte er, im Raum zwischen Mars und Jupiter sei keiner mehr anzutreffen. So schlief die Suche nach neuen Planetoiden bald ein – für fast vierzig Jahre, eine erstaunlich lange Zeit. Vielleicht hätte die Pause noch länger gedauert, wenn nicht in dem kleinen Ort Driesen (heute Drezdenko) in Brandenburg damals ein Postbeamter namens Karl Ludwig Hencke gelebt hätte. Hencke ließ sich nicht wie die anderen Astronomen von der Auffassung Olbers davon abhalten, nach weiteren Planetoiden zu suchen. Dabei bewies er eine erstaunliche Geduld und Ausdauer, denn 20 Jahre lang beobachtete er den Himmel und fertigte Sternkarten an,

Bild 8. Johann Palisa (1848 bis 1925) entdeckte ohne Hilfe der Fotografie 121 Planetoiden.

um durch deren ständiges Vergleichen einen Himmelskörper ausfindig zu machen, der sich langsam weiterbewegte. Endlich, in der Nacht zum 8. Dezember 1845, hatte er Erfolg – er fand einen neuen Planetoiden, die Astraea. Diese Neuentdeckung nach 40 Jahren rief natürlich unter den Astronomen beträchtliches Aufsehen hervor, zumal HENCKE schon zwei Jahre später, am 1. Juli 1847, den sechsten, Hebe, fand. Der König von Preußen ließ es sich daraufhin nicht nehmen, seinem erfolgreichen Beamten einen jährlichen Ehrensold von 1200 Goldmark zu gewähren.

Mit der Entdeckung der Astraea begann das eigentliche Zeitalter der Planetoiden. In den folgenden Jahren wurden ständig neue gefunden. Viele Astronomen versuchten ihr Glück auf der Jagd nach Planetoiden und hatten damit beachtlichen Erfolg. So entdeckte der Astronom und Maler HERMANN GOLDSCHMIDT in Paris allein 14, sein Kollege ROBERT LUTHER in Düsseldorf 24, der Amerikaner PETERS sogar 47! Einen einmaligen Rekord aber stellte der Österreicher JOHANN PALISA auf. Geboren am 6. Dezember 1848, arbeitete er zunächst an der Marinesternwarte von Pola (heute Pula in Jugoslawien), wo er am 18. März 1874 seinen ersten Planetoiden entdeckte, den er auch gleich zu Ehren seiner Heimat Austria taufte. Danach wurde er Mitarbeiter der Universitätssternwarte Wien, 1909 deren stellvertretender Direktor und jagte dort mit dem damals größten Fernrohr Europas Kleine Planeten. Insgesamt entdeckte er 121 Stück! Bei dieser beachtlichen Zahl muß man sich einmal die Methode vor Augen halten, die PALISA, PETERS, GOLDSCHMIDT und alle anderen anwandten. Sie suchten mit ihren Fernrohren in jeder klaren Nacht den Sternhimmel ab und versuchten, unter den Tausenden Sternpünktchen solche zu finden, die sich bewegten. Das setzte neben einer schier unendlichen Geduld natürlich auch eine hervorragende Kenntnis des Sternhimmels voraus, denn eine Bewegung kann man nur durch Vergleich der Positionen der Gestirne in verschiedenen Nächten erkennen. Doch beginnend mit dem Jahre 1891 brauchten sie sich diese Mühen nicht mehr zu machen. In diesem Jahr begann eine neue Ära in der Erforschung der Kleinen Planeten, die bis heute andauert und die untrennbar mit dem Namen eines Mannes verknüpft ist: des Heidelberger Astronomen Dr. MAX WOLF.

Die Beobachtung Kleiner Planeten

MAX WOLF wurde am 21. Juni 1863 in Heidelberg geboren. Schon frühzeitig entdeckte er seine Liebe zur Astronomie und beobachtete von seinem Elternhaus aus mit kleinen Fernrohren die Sterne. Wie bei seinen Zeitgenossen geschah das auch bei ihm zunächst nur mit dem bloßen Auge. Doch damals war gerade die Fotografie erfunden worden, die zunächst noch sehr umständlich zu handhaben war und sich für die Astronomie nur schlecht zu eignen schien. Der Astronom GRUITHUISEN aus München hatte 1840 sogar die Auffassung vertreten, sogar die überaus helle Sonne werde sich wohl nie fotografieren lassen, weil die fotografischen Schichten zuviel Licht benötigten! Erst mit der Erfindung der trockenen Gelatineplatte im Jahre 1876 war die Fotografie auch für die Astronomie anwendbar geworden. MAX WOLF erkannte sofort die Chance, die sich hier bot und wurde so zum Begründer der Himmelsfotografie. Seine hervorragendste Idee war, als Objektive für seine Fotoplatten keine Fernrohre zu benutzen, sondern großflächige Linsen mit kurzer Brennweite und großem Gesichtsfeld, wie sie damals zur Porträtfotografie Verwendung fanden. Damit gelangen ihm hervorragende Himmelsaufnahmen.

MAX WOLF dachte aber noch weiter. Da sich die Sterne von Ost nach West infolge der Erdrotation am Himmel bewegen, muß die Himmelskamera durch ein Uhrwerk ihrer Bewegung nachgedreht werden, so daß sich die Sterne alle als Punkte abbilden. Die Planetoiden gehen zwar auch auf und unter, bewegen sich aber im Unterschied zu den Sternen langsam am Himmel weiter und müssen daher auf der Fotoplatte eine kleine Strichspur ergeben. Auf diese Art und Weise entlarvt sich der Planetoid sozusagen von selbst und braucht nicht mehr mühsam durch ständiges Vergleichen von Sternpositionen zueinander herausgepickt zu werden. Am 20. Dezember 1891 entdeckte MAX WOLF auf diese Art und Weise seinen ersten Planetoiden mit Hilfe der Fotoplatte, immerhin schon der 323. in der Gesamtzahl der Entdekkungen. Er nannte ihn Brucia, zu Ehren der Amerikanerin CATHERINE BRUCE, die ihm anläßlich eines Aufenthalts in den USA 10 000 Dollar für den Bau eines Fernrohrs geschenkt hatte. Zurückgekehrt ließ WOLF von diesem Geld ein Doppelfernrohr zur Himmelsfotografie, den „Bruce-Astrographen“ bauen, der danach das Herzstück der Landessternwarte Heidelberg-Königstuhl wurde, die er mit Unterstützung der Badischen Landesregierung in den Jahren 1895 bis 1900 errichtete. Unter seiner Führung entwickelte sich dieses Observatorium in den folgenden Jahren und Jahrzehnten zum Zentrum der Planetoidenbeobachtung in der Welt.

Bild 9 (rechts). Max Wolf (1863 – 1932), der Begründer der Himmelsfotografie.
Bild 10 (unten). Strichspur des Planetoiden 328 Svea auf einer Aufnahme vom 21. 3. 1892 von Max Wolf, Heidelberg.

Mit keinem anderen Fernrohr sind so viele Kleine Planeten entdeckt worden wie mit dem Bruce-Astrographen (s. Bild 1, Seite 2).

Die „Kleine Planeten-Plage"

Die Methode, Kleine Planeten durch Himmelsfotografien anhand der von ihnen gezeichneten Strichspuren zu entdecken, verdrängte die mühsame Suche am Fernrohr nach ihnen bald ganz. Nur JOHANN PALISA suchte so noch bis ins Jahr 1923 weiter nach ihnen. Gleichzeitig ließ jedoch diese neue Methode die Zahl der Neuentdekkungen unverhältnismäßig anschwellen. Allein MAX WOLF entdeckte insgesamt 233 neue Kleine Planeten, andere Sternwarten waren aber auch nicht untätig. Bereits 1923 wurde der 1000. Planetoid entdeckt und zu Ehren von GIUSEPPE PIAZZI „Piazzia" genannt. Die Kontrolle und Berechnung all dieser Planetoiden und ihrer Bahnen erforderte einen beinahe unverhältnismäßig hohen Aufwand, der damals vor allem von dem Astronomischen Recheninstitut in Berlin-Dahlem erbracht wurde. Manche Kleine Planeten gingen nach ihrer Entdeckung auch gleich wieder verloren, das heißt die Beobachtungen waren so ungenau, daß man keine exakte Bahn berechnen konnte und daher ein Wiederauffinden nicht möglich war. Auch war es naturgemäß bei so vielen Kleinen Planeten nicht immer einfach, bei einer neu aufgefundenen Strichspur auf einer Fotoplatte zu entscheiden, ob dies ein neuer Planetoid oder ein alter, schon bekannter war. Beide Probleme, sowohl das der verlorenen Planetoiden als auch das der Identifizierung, sind so interessant, daß wir ihnen ein ganzes Kapitel gewidmet haben. Es verwundert daher auch nicht weiter, daß bald das Wort von der „Kleinen Planeten-Plage" aufkam. Doch der Entdeckerfreude mancher Astronomen tat das keinen Abbruch. Als MAX WOLF am 3. Oktober 1932 starb, wurde die Beobachtung der Kleinen Planeten in Heidelberg-Königstuhl von dem 1892 in Heidelberg geborenen Hauptobservator Dr. KARL REINMUTH übernommen. Er jagte schier unermüdlich nach neuen Himmelskörpern

Bild 11. Karl Reinmuth, Hauptobservator der Sternwarte Heidelberg-Königstuhl, entdeckte die meisten Kleinen Planeten.

dieser Art, und unter den Astronomen in Deutschland ging in den dreißiger Jahren das Wort um, nur eine bedeckte Nacht könne REINMUTH daran hindern, einen neuen Kleinen Planeten zu entdecken. Es gelang Reinmuth sogar, MAX WOLF zu überrunden und den Weltrekord in der Entdeckung der Kleinen Planeten zu erringen; insgesamt gehen nach letzter Zählung 262 offizielle Neuentdeckungen auf sein Konto. Kein anderer Astronom außer MAX WOLF hat auch nur annähernd so viele Kleine Planeten fotografiert, vermessen und beobachtet wie er; insgesamt veröffentlichte Reinmuth 12 500 genaue Positionsmessungen.

Die High Society der Kleinen Planeten

Bei den 262 bzw. 233 von KARL REINMUTH und MAX WOLF entdeckten Planetoiden handelt es sich aber nur um die, die später eine Katalognummer zugeteilt erhielten. Insgesamt beobachtet haben beide Astronomen jeweils weit über Tausend. Dieser Unterschied ergibt sich daraus, daß es heute zwei Klassen von Planetoiden gibt: die nur vorläufig bezeichneten und die numerierten, die fast alle auch einen Namen tragen.

Als die ersten Planetoiden im 19. Jahrhundert entdeckt wurden, erhielten sie von ihren Entdeckern sogleich einen Namen und außerdem ein Symbol. Einige der alten Planetoidensymbole finden Sie in der Tabelle 1. Man wählte diese Zeichen in Anlehnung an die großen Planeten, die seit altersher und auch heute noch mit Symbo-

Tabelle 1. Beispiele alter Planetoidensymbole

Zeichen	Nummer	Name	Entdecker	Entdeckungsdatum	
⚳	1	Ceres	Piazzi	1. Januar	1801
⚴	2	Pallas	Olbers	28. März	1802
⚵	3	Juno	Harding	1. September	1804
⚶	4	Vesta	Olbers	29. März	1807
[illegible]	5	Astraea	Hencke	8. Dezember	1845
[illegible]	6	Hebe	Hencke	1. Juli	1847
[illegible]	7	Iris	Hind	13. August	1847
[illegible]	8	Flora	Hind	18. Oktober	1847
[illegible]	15	Eunomia	De Gasparis	29. Juli	1851
[illegible]	26	Proserpina	Luther	5. Mai	1853
[illegible]	28	Bellona	Luther	1. März	1854
[illegible]	35	Leukothea	Luther	19. April	1855
[illegible]	37	Fides	Luther	5. Mai	1855

len gekennzeichnet werden, z. B. mit dem weiblichen Zeichen ♀ für die Venus oder dem männlichen ♂ für den Mars. Als jedoch immer mehr Kleine Planeten entdeckt wurden, ergaben sich bald so viele Symbole, daß sie niemand mehr behalten konnte. Daher wurde der Vorschlag der Astronomen GOULD und RUDOLF WOLF im Jahre 1852 sofort aufgenommen, die Zeichen durch fortlaufend gezählte Nummern zu ersetzen, die in einen Kreis (der später auch wegfiel) geschrieben wurden, also z. B. ① Ceres, ② Pallas, ③ Juno, ④ Vesta, ⑤ Astraea, ⑥ Hebe usw. Die Nummer entsprach der Reihenfolge der Entdeckung und wurde sofort nach Bekanntwerden verteilt. Das ging so lange gut, solange man von jedem neuentdeckten Kleinen Planeten eine Bahn berechnen und so seine Position für die Zukunft angeben konnte. Als jedoch MAX WOLF die Methode der fotografischen Beobachtung einführte, wuchs die Zahl der Neuentdeckungen so schnell an, daß der einzelne Beobachter gar nicht mehr in der Lage war, sofort eine Nummer zu geben. Auch das Astronomische Recheninstitut in Berlin-Dahlem, bis zum zweiten Weltkrieg das Zentrum der theoretischen Planetoidenforschung, konnte nicht sofort diese Nummer verteilen, weil häufig die Beobachtungen keine sofortige Bahnbestimmung ermöglichten. Dieses Institut erbrachte überhaupt eine erstaunliche Leistung, indem es die Kontrolle von zum Schluß fast 2000 Himmelskörpern ohne Computer und Rechenmaschinen lediglich mit Logarithmentafeln für die Mitarbeiter bewältigte. Dafür wurde es jedoch auch geehrt, denn KARL REINMUTH benannte den von ihm entdeckten Planetoiden 1395: Aribeda, das ist eine Abkürzung von **A**stronomisches **R**echen**i**nstitut **Be**rlin-**Da**hlem. Berechner und Beobachter waren somit gezwungen, die Planetoiden zunächst einmal vorläufig zu bezeichnen. Seit dem 1. Januar 1925 geschieht dies gemäß einem Vorschlag des Amerikaners BOWER nach folgendem praktischen Verfahren. Jeder Planetoid erhält zunächst die Jahreszahl seiner Entdeckung und danach zwei große lateinische Buchstaben, z. B. 1925 KE. Der erste Buchstabe gibt dabei den Zeitraum innerhalb des Jahres an, in dem die Entdeckung gelang, denn die Buchstaben des Alphabets sind nach folgendem Schema auf die Monate verteilt: A entspricht dem 1.–15. Januar, B dem 16.–31. Januar, C dem 1.–15. Februar, D dem 16.–28. bzw. 29. Februar usw. bis Y, dem 16.–31. Dezember. I und J sind einander gleichgestellt. Der zweite Buchstabe gibt die Reihenfolge der Beobachtung innerhalb des 15tägigen Zeitraums an. Bei 1925 KE handelt es sich also um den fünften (E) Planetoiden, der zwischen dem 16. und 31. Mai (K) 1925 beobachtet wurde. Reicht das Alphabet beim zweiten Buchstaben nicht aus, wird wieder von vorne angefangen und eine kleine Ziffer angehängt, etwa 1952 QA_1. Ein Beispiel für die Flut der Planetoidenbeobachtungen ist das Jahr 1931. Damals war das Astronomische Recheninstitut gezwungen, sogar die Bezeichnung 1931 TM_4 zu vergeben, das heißt allein vom 1. bis 15. Oktober dieses Jahres wurden nicht weniger als 119 neuentdeckte Planetoiden gemeldet! Den Rekord aber halten die Kleinen Planeten 1969 TV_6, 1972 TK_8 und 1973 SR_6 – zwischen

dem 1. und 15. Oktober 1972 nicht weniger als 210 Beobachtungen neuer Planetoiden!
Bis heute sind von solchen nur vorläufig bezeichneten Planetoiden an die 10 000 gefunden worden. Bei sehr vielen konnte noch nicht einmal eine Bahn berechnet werden, weil die Beobachtungen entweder zu ungenau waren oder nicht genügend vorlagen. Es sind nämlich für eine Bahnbestimmung mindestens drei Positionen des Kleinen Planeten an verschiedenen Tagen erforderlich. Den Sprung in die „High Society“ der Planetoiden, nämlich zu denen, die numeriert sind, gelingt nur wenigen. Eine Nummer wird heute nur dann vergeben, wenn der Planetoid in verschiedenen Jahren so genau beobachtet wurde und damit seine Bahnelemente so genau bekannt sind, daß er jederzeit am Himmel wiedergefunden werden kann. Dies war bis zum 31. 12. 1976 nur bei 1979 der Fall; hier endet die Liste der numerierten Planetoiden. Erst wenn der Planetoid numeriert wurde, darf er benannt werden. Diese Namen bilden das lustigste Kapitel in der Geschichte der Planetoiden. Doch bevor wir uns ihnen zuwenden, noch ein kurzer Blick auf

Die Kleinen Planeten heute

Die meisten numerierten und damit „etablierten“ Kleinen Planeten sind so leuchtschwach, daß man sie nur auf fotografischem Wege mit Hilfe großer Himmelskameras finden kann. Neben der schon erwähnten Methode, eine Fotoplatte so lange zu

Bild 12. Aufnahme des Planetoiden 1428 Mombasa durch Dr. Kohoutek am 27./28. Februar 1973.

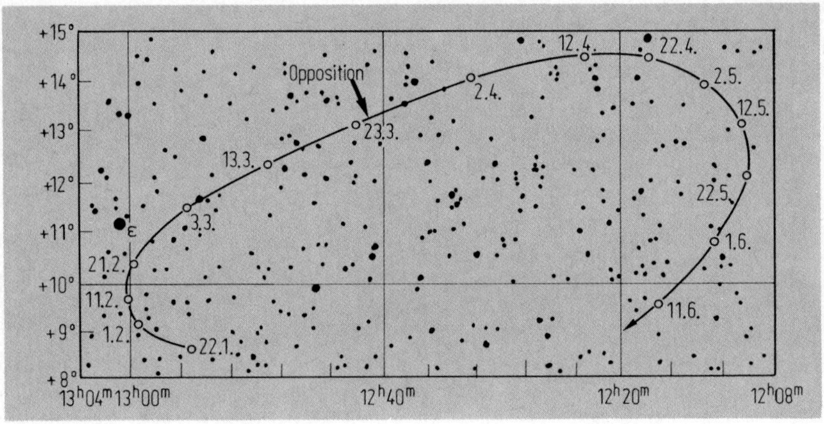

Bild 13 (oben). Spur des Kleinen Planeten Ceres vom 22. 1. bis 11. 6. 1977 im Sternbild Jungfrau. Aus Himmelsjahr 1977, Kosmos-Verlag.
Bild 14 (rechts). Anzahl der Planetoidenentdeckungen pro Jahr bis einschließlich 1971.

belichten, daß sich die bewegten Planetoiden als Striche abbilden, sind heute auch noch andere in Gebrauch. Der durch die Entdeckung des zum Jahreswechsel 1973/74 am Himmel stehenden Kometen bekannt gewordene tschechische Astronom Dr. Lubos Kohoutek (nach ihm heißt übrigens seit 1976 der Kleine Planet 1850 Kohoutek) wendet auf der Sternwarte Hamburg-Bergedorf etwa folgende an. Er belichtet eine Stelle des Himmels für 10 bis 15 Minuten, wartet dann etwa eine halbe Stunde bei geschlossener Kamera und verschiebt während dieser Zeit das Fernrohr ein wenig in der Süd-Nord-Richtung, um dann ebenfalls für 15 Minuten dieselbe Stelle des Himmels auf derselben Platte erneut zu fotografieren. Jeder Stern bildet sich dann doppelt ab, und zwar stehen alle Sterne in derselben Richtung untereinander (die Erdrotation wird natürlich durch einen Nachführmotor ausgeglichen). Der Kleine Planet aber hat sich weiterbewegt; sein zweites Bild steht nicht genau unter oder über dem ersten wie das der übrigen Sterne. Man braucht dann die Platte nur noch nach Sternpaaren durchzusehen, die nicht exakt in der Nord-Süd-Richtung verschoben sind. Bild 12 zeigt das ganz deutlich. Der dort abgebildete Planetoid 1428 Mombasa ist übrigens 4000mal leuchtschwächer als die schwächsten Sterne, die man gerade noch mit dem bloßen Auge erkennen kann.
Die Himmelskalender, die für Amateurastronomen und Sternfreunde bestimmt sind, können sich dagegen auf die ersten vier: Ceres, Pallas, Juno und Vesta beschränken, die, obwohl sie die hellsten von allen sind, doch nur mit einem Feldste-

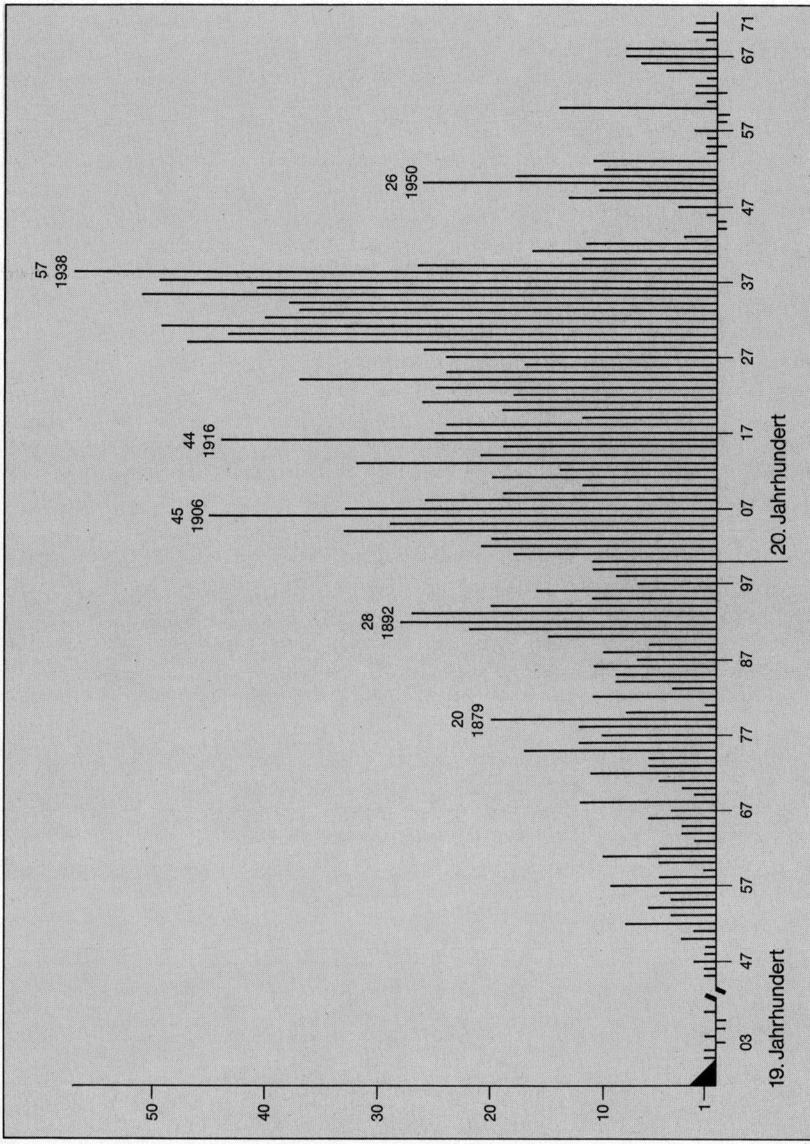
57
1938
26
1950
45
1906
44
1916
28
1892
20
1879
50
40
30
20
10
1
19. Jahrhundert
03
47
57
67
77
87
97
20. Jahrhundert
07
17
27
37
47
57
67
71

cher gesehen werden können. Aus dem im Kosmos-Verlag erscheinenden Himmelsjahr für 1977 ist auch unser Bild 13 mit der Bewegung der Ceres für 1977 entnommen. Um sie zu sehen, betrachtet man die angegebene Stelle des Himmels und versucht, sich die Sterne einzuprägen. Nach einigen Abenden wird man dann erkennen, wie sich ein Punkt langsam verschiebt – das ist die Ceres.

Insgesamt gesehen hat das Interesse an den Kleinen Planeten aber doch nachgelassen. Das sieht man deutlich an der Entdeckungsstatistik der Kleinen Planeten von 1801 bis heute in Bild 14. Das wissenschaftliche Interesse der Astronomen hat sich anderen Gebieten zugewandt, und die Kleinen Planeten werden nicht mehr so oft beobachtet wie früher, wenn auch in den letzten Jahren wieder ein Ansteigen zu bemerken ist. Alle Beobachtungen sammelt heute das „Minor Planet Center“, das Planetoidenzentrum an der Universität von Cincinnati in Ohio/USA. Von hier werden jährlich mehrmals die „Minor Planet Circulars“ an alle Sternwarten der Erde versandt, in denen sämtliche Beobachtungen und neu angestellten Berechnungen mitgeteilt werden. Auch liegt bei dem Minor Planet Center die Entscheidung darüber, wann ein Kleiner Planet so gut beobachtet wurde, daß er eine Nummer erhalten kann. Ist dies einmal geschehen, wird der nunmehr etablierte Planetoid vom Institut für theoretische Astronomie in Leningrad, UdSSR, betreut. Hier berechnen die Astronomen die Positionen für alle numerierten 1979 Planetoiden jährlich im voraus und veröffentlichen sie in dem jedes Jahr neu erscheinenden Buch „Ephemeriden der Kleinen Planeten“ (Ephemeride ist der Ort eines Gestirns am Himmel für einen bestimmten Tag). Für diese Arbeit haben sich die beteiligten Institute und Astronomen großzügig einen bleibenden Platz am Himmel gesichert. So heißt z. B. der Kleine Planet 1373 Cincinnati, Planet 1751 Herget nach dem Direktor des Minor Planet Centers, Prof. PAUL HERGET, Planet 1579 nach seinem Mitarbeiter HERRICK und Planetoid 1771 Makover nach dem ehemaligen Herausgeber des Leningrader Ephemeriden-Buchs SAMUEL GDALEVICH MAKOVER – und schließlich Planetoid 1625 The NORC! Was das mit einem Kleinen Planeten zu tun hat? Ganz einfach: The NORC ist ein äußerst unpoetischer Name, nämlich die Abkürzung von **N**aval **O**rdonance **R**esearch **C**alculator, das ist der Forschungscomputer der US-Marine, auf dem die meisten neuen Planetoidenbahnen berechnet werden. Sogar er konnte sich also einen bleibenden Platz am Himmel sichern, womit wir auch schon mitten im Thema des nächsten Kapitels wären:

Die Namen der Kleinen Planeten

Könnten Sie sich im Werbeprospekt einer Firma folgenden Slogan vorstellen: „Wir sind so berühmt, daß selbst ferne Himmelskörper für uns Reklame machen und unseren Namen durch das All tragen." Das ist kein Scherz, sondern drei deutsche Gesellschaften können das tatsächlich von sich behaupten. Die Kleinen Planeten machen es möglich. Es gibt nämlich die Himmelskörper 724 Hapag, 851 Zeissia und 1216 Askania. Nummer 724 ist natürlich nach der „**H**amburg-**A**merikanische **Pa**ketfahrt-Actiengesellschaft" (heute Hapag-Lloyd Reederei) benannt. Er wurde entdeckt am 21. Oktober 1911 von dem schon erwähnten Wiener Astronomen JOHANN PALISA, der ihm diesen Namen im Jahre 1913 während einer Tagung der Astronomischen Gesellschaft in Hamburg gab. Außerdem ließ es sich PALISA bei dieser Gelegenheit nicht nehmen, die gastgebende Stadt zu verewigen, indem er den ebenfalls von ihm entdeckten Himmelskörper Nummer 723 Hammonia taufte, das ist ein alter Name für Hamburg, der noch heute in der Nationalhymne der Hansestadt („Heil über Dir, Hammonia") auftaucht. Hinter dem Planetoiden 851 steckt natürlich die berühmte Optikfirma Zeiss und hinter 1216 die ebenfalls in der Optik tätige Firma Askania.

Die Weltallkolonien

Von den insgesamt 1979 numerierten Kleinen Planeten haben bis heute 1777 Namen erhalten; nur gut 10% mußten sich also mit einer kalten Nummer begnügen. Zunächst wählte man fast ausschließlich Namen aus den Sagen des klassischen Altertums, wie z. B. bei den ersten vier: Ceres, Pallas, Juno und Vesta. 1777 Begriffe gab aber das klassische Altertum nicht her, und so waren die Astronomen gezwungen, allmählich auf andere Namen auszuweichen. Dabei kamen sie auf zum Teil abenteuerliche Ideen, und man kann mit Fug und Recht sagen, daß die Namen der Kleinen Planeten eine beinahe unerschöpfliche Anekdotenquelle bilden. Noch gar nicht einmal zu den merkwürdigsten, sicher aber zu den interessantesten gehören dabei die Planetoiden, die nach deutschen Städten benannt worden sind. Vergleichen Sie einmal die folgende Liste deutscher Städtenamen im Himmel. Vielleicht gehört auch Ihre Heimatstadt zu einer jener Ortschaften, die von sich sagen können, eine kleine Kolonie im Weltenraum zu besitzen.

850	Altona	470	Kilia (Kiel)
324	Bamberga	565	Marbachia
422	Berolina (Berlin)	765	Mattiaca (lat. Wiesbaden)
455	Bruchsalia	766	Moguntia (lat. Mainz)
1419	Danzig	428	Monachia (lat. München)
263	Dresda (Dresden)	797	Montana (lat. Bergedorf bei Hamburg)
442	Eichsfeldia		
1254	Erfordia	811	Nauheima (Bad Nauheim)
764	Gedania (Danzig)	927	Ratisbona (lat. Regensburg)

1346	Gotha	1443	Ruppina (Ruppin, Brandenburg)
449	Hamburga	386	Siegena
723	Hammonia (Hamburg)	1039	Sonneberga
325	Heidelberga	619	Triberga (Triberg, Baden)
788	Hohensteina	1481	Tübingia
526	Jena	717	Wisibada (Wiesbaden)

Zwei, nämlich Danzig und Wiesbaden, sind also doppelt vertreten, Hamburg sogar vierfach mit seinen Stadtteilen Altona und Bergedorf!

Der weibliche Himmel

Beim Betrachten dieser Liste fällt Ihnen sicher sofort auf, daß alle Städtenamen zunächst durch Anhängen der Silbe a oder ia in eine weibliche Form überführt worden sind, bevor sie als Namen eines Kleinen Planeten dienen konnten. Dahinter verbirgt sich ein altes Prinzip in der Benennung der Kleinen Planeten. Sie sollen ausschließlich weibliche Namen tragen. Für diese Regel ist kein Astronom direkt verantwortlich, sondern sie entwickelte sich im Laufe der Zeit, weil die ersten vier Planetoiden ausschließlich Namen weiblicher Gottheiten erhalten hatten. Zeitweise wandte man sie sehr konsequent an, wie die Planetoiden zeigen, die zu Ehren der ersten Entdecker und Berechner benannt wurden; sie heißen nicht etwa Piazzi, Olbers und Gauss, sondern 1000 Piazzia, 1001 Gaussia und 1002 Olbersia. Auch die großen Planetoidenjäger wurden von dieser Regel nicht ausgenommen. Entsprechend ihrer Bedeutung haben sie sich gleich mehrfach in das Reich der Kleinen Planeten hineinversetzt. So ist Max Wolf als Kleiner Planet 827 Wolfiana, dann mit seinem Vornamen als 1217 Maximiliana und schließlich noch als 1152 Pawona zu finden. Sie fragen sicher, wo da der Name Wolf liegt. Dazu müssen Sie den Namen zerlegen: Pa-wo-na ist gleich **Pa**lisa + **Wo**lf + weibliche Endung **na.** Auch Johann Palisa ist nochmals am Himmel zu finden, und zwar in Gestalt des Kleinen Planeten 914 Palisana. Wie jede Regel kennt aber auch diese eine interessante Ausnahme. Einige Planetoiden tragen männliche Namen. Es sind all diejenigen, die sich durch irgendeine Besonderheit von der Masse ihrer Artgenossen unterscheiden. Da man von den allermeisten nicht viel mehr kennt als ihre Bahnelemente, beschreiben die männlichen Kleinen Planeten also eine außergewöhnliche Bahn um die Sonne, während die weiblichen still und bescheiden im Raum zwischen Mars und Jupiter kreisen (vgl. Bild 15). Einige der männlichen Planetoide sind so interessant, daß wir für sie noch weiter unten ein besonderes Kapitel reserviert haben.

Heute wird die Regel, die Planetoiden weiblich zu benennen, nicht mehr ganz so streng gehandhabt wie früher. Die meisten Kleinen Planeten erhielten in jüngster Zeit die Namen verdienter Astronomen, und zwar ohne daß diese Namen erst in eine weibliche Form überführt worden wären. So sind die Planetoiden 1789, 1790

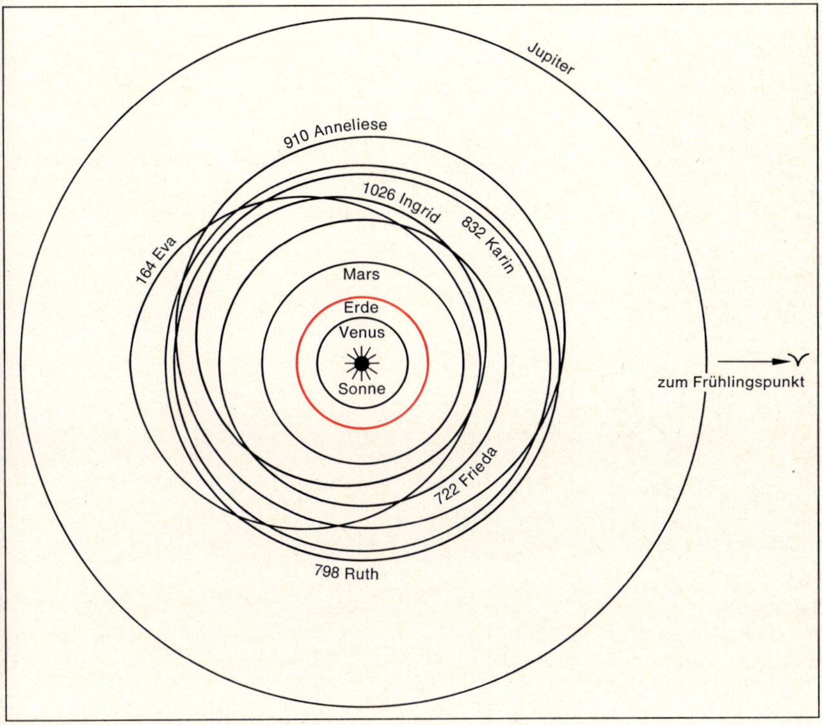

Bild 15. Der weibliche Himmel: Die Bahnen der Kleinen Planeten 722 Frieda, 832 Karin, 798 Ruth, 164 Eva, 910 Anneliese und 1026 Ingrid um die Sonne.

und 1791 nach der tödlich verunglückten Besatzung des russischen Raumschiffs Sojus II benannt worden und heißen Dobrovolsky, Volkov und Patsayev und nicht etwa Dobrovolskaya, Volkova oder Patsayeva. Auch muß man leider feststellen, daß die Astronomen heute bei der Taufe ihrer Entdeckungen nicht mehr so fantasievoll sind wie noch ihre Kollegen in den Jahrzehnten zu Beginn des 20. Jahrhunderts. Doch ganz sind die ausgefallenen Namen noch nicht ausgestorben. So benannte etwa der Astronom Peter Wild aus Bern den von ihm am 23. September 1965 entdeckten Kleinen Planeten 1768 Appenzella, zu Ehren des 150. Jahrestags der Gründung der Kantonsschule Trogen im schweizerischen Kanton Appenzell. Oder der belgische Astronom van Gent nannte den von ihm entdeckten Kleinen Planeten 1689 Floris-Jan. Hierzu vermerken die Minor Planet Circulars vom 1. März 1973, in

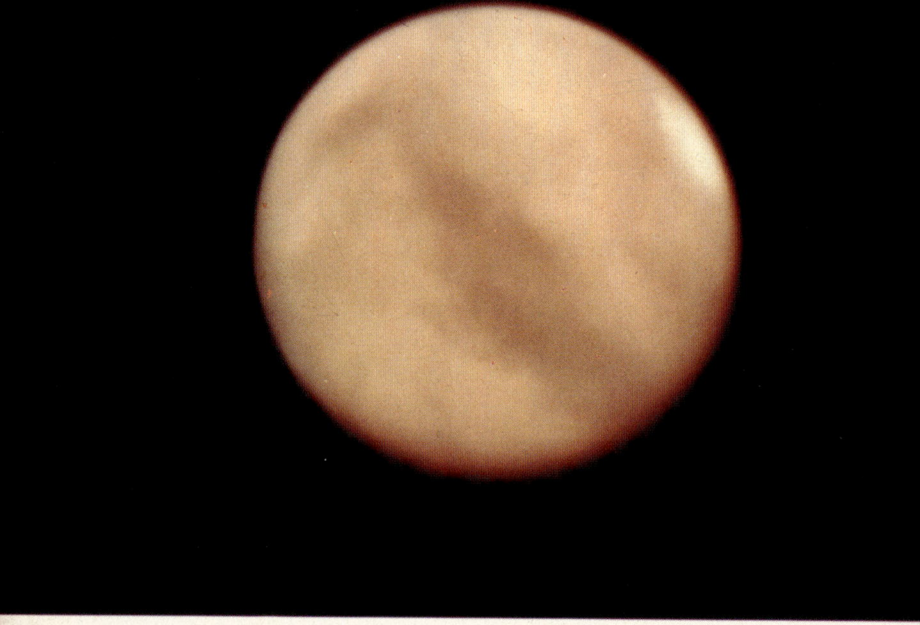

Bild 16. Farbaufnahme des Planeten Mars, der das Gebiet der Kleinen Planeten nach innen zur Sonne hin abgrenzt.

denen alle neuen Namen veröffentlicht werden: „Dieser Planet wurde benannt nach Floris-Jan van der Meulen, dem 5000. Besucher während einer 14tägigen astronomischen Ausstellung in dem Observatorium von Leiden/Belgien." Geht man aber die Planetoidennamen immer weiter nach vorne durch, so finden sich ständig erstaunlichere, ja geradezu verrückte Namen. Ihr Urheber ist zu einem großen Teil der Weltrekordinhaber in der Entdeckung Kleiner Planeten, der schon mehrfach erwähnte Dr. KARL REINMUTH aus Heidelberg. Seine unerschöpfliche Phantasie in dieser Hinsicht erfuhr auch eine besondere Ehrung durch seine Kollegen, denn der Kleine Planet mit der verrücktesten aller Nummern – 1111 – heißt natürlich: Reinmuthia . . .

Die verrückten Planetoiden

Wußten Sie zum Beispiel, daß MARLENE DIETRICH neben allem irdischen Ruhm auch noch himmlischen für sich beanspruchen kann? Seit 1923 gibt es den Planetoiden 1010 Marlene. Der Entdecker ist KARL REINMUTH. Er hatte den Planetoiden

1010 gerade zu der Zeit entdeckt, als der Film „Der blaue Engel“ lief. Dr. Reinmuth erzählt: „Ein jüngerer Kollege hatte den Film gesehen und sich dabei in Marlene Dietrich (und in ihre Beine) verliebt. Es war wirklich schlimm. Immer wenn wir beobachteten, schwärmte er von den göttlichen Beinen dieser unsterblichen Frau. Um meine Ruhe zu haben, taufte ich einen meiner Sterne nach dem Vornamen seines Idols.“ Zu gerne hätte Karl Reinmuth auch seine Töchter am Himmel verewigt, aber er hatte nur Söhne. Da er sich als einer der letzten auch heute noch streng an die Regel der weiblichen Planetoidennamen hält, blieb ihm nichts anderes übrig, als zu warten, bis seine Söhne heirateten. Und heute heißt nach der Hochzeit seines Sohnes Günther der Kleine Planet 1665 Gaby, nach der Hochzeit seines Sohnes Friedrich läuft der Kleine Planet 1668 Hanna durch das Weltall. Seither heißt Karl Reinmuth bei seinen Bekannten auch „Karl der Täufer“.

Bei seinen vielen Entdeckungen vergaß Reinmuth auch nicht die Kollegen, die einen Kleinen Planeten selten sahen, aber dafür die enorme Mühe der Bahnbestimmung und der Vorherberechnung der Positionen übernahmen: Die Arbeit der Astronomen im astronomischen Recheninstitut in Berlin. In den zwanziger Jahren leitete die Abteilung Kleine Planeten am Recheninstitut der Astronom Dr. Gustav Stracke, der damals sehr danach strebte, die Namen der Kleinen Planeten wieder etwas „vernünftiger“ werden zu lassen. So konnte Reinmuth seinen Kleinen Planeten 1372 Haremari nur durchsetzen, nachdem er behauptet hatte, das sei ein indischer weiblicher Vorname. Später jedoch gestand er, daß Haremari sich in Wirklichkeit folgendermaßen zusammensetzte: Harem + ARI = **A**stronomisches **R**echen**i**nstitut. Er wollte so die weiblichen Mitglieder, den Harem, des astronomischen Recheninstituts ehren. Auch war er ständig bestrebt, Gustav Stracke selbst eine Ehrung in Form eines Kleinen Planeten zuteil werden zu lassen. Doch Stracke lehnte das kategorisch ab. Trotzdem schmuggelte Reinmuth seinen Namen an den Himmel, und zwar in Gestalt folgender acht Kleiner Planeten: 1227 Geranium, 1228 Scabiosa, 1229 Tilia, 1230 Riceia, 1231 Auricula, 1232 Cortusa, 1233 Kobresia, 1234 Elyna. Lesen Sie bei diesen Namen (es sind lauter Pflanzennamen) bitte nur die Anfangsbuchstaben. Dann ergibt sich der Name G. Stracke. Später wurde dann doch noch ein Kleiner Planet 1019 Strackea getauft.

Aber auch andere Astronomen bereicherten den Himmel mit Verrücktheiten. Max Wolf nannte die Kleinen Planeten 482 und 483 Petrina und Seppina nach seinen Hunden Peter und Sepp. Und Johann Palisa schließlich, um noch einmal auf den letzten Angehörigen des exklusiven Astronomenklubs mit über 100 Planetoidenentdeckungen zurückzukommen, verkaufte sogar einen seiner Kleinen Planeten. Er hatte am 3. September 1885 den Himmelskörper mit der Nummer 250 entdeckt. Weil er gerade Geld brauchte, gab er eine Anzeige auf, in der er das Recht der Namensgebung zum Kauf anbot. Es fand sich auch ein Käufer, und zwar der Baron Albert von Rothschild, der dafür 1000 Goldmark bezahlte, den Kleinen Planeten Bettina nach seiner Nichte Bettina Baroness von Rothschild taufte, und ihn ihr danach angeblich zum Geburtstag geschenkt haben soll. Könnten Sie sich ein noch originelleres Geburtstagsgeschenk vorstellen? Wohl kaum, und obwohl Sie sicher nicht die Möglichkeit haben werden, einen Kleinen Planeten zu entdecken, können Sie Ihrer Angebeteten doch einen zu Füßen legen. Denn dank der rastlosen Tätigkeit von Reinmuth, Wolf und all den anderen Astronomen gibt es heute praktisch keinen weiblichen deutschen Vornamen mehr, der nicht am Himmel verewigt wäre. Mit großer Sicherheit können Sie also davon ausgehen, daß Sie selbst oder Ihre Partnerin am Himmel als Planet durch das Weltall laufen. Die Astronomen dagegen können auch heute noch Namen vergeben – und seien es Kosenamen. Der Hamburger Astronom Dr. Lubos Kohoutek benannte den von ihm am 14. Januar 1972 entdeckten Kleinen Planeten 1972 AC, der später die Nummer 1933 erhielt, nach seiner Ehefrau Christine – 1933 Tinchen . . .

Der Gürtel der Kleinen Planeten

Kap Canaveral, 2. März 1972, 20.49 Uhr Ortszeit. Wieder einmal startet von dem weiten Gelände des amerikanischen Mondflughafens eine Atlas-Centaur-Rakete, von einer durch die Mondflüge verwöhnten Öffentlichkeit kaum beachtet. Und doch trägt die Rakete in ihrer Spitze eine Weltraumsonde, die das bislang ehrgeizigste Projekt der amerikanischen Weltraumbehörde bildet: die Sonde Pionier 10. Ihr Ziel: der Planet Jupiter, ihr Weg dorthin: mitten durch das Gebiet der Kleinen Planeten. Zum ersten Mal schickte sich 1972 der Mensch an, dieses geheimnisvolle Gebiet der Planetoiden direkt zu erforschen, von dem ihm bis dahin nur mühsame Beobachtungen von der Erde aus Kunde gegeben hatten.

Die kleinen Kleinen Planeten

Eine der interessantesten Fragen, die sich die Astronomen von Anbeginn der Planetoidenforschung stellten, war die nach der Zahl der Planetoiden, die im Raum zwischen Mars und Jupiter um die Sonne kreisen. Schon vor dem Flug von Pionier 10 hatten sie einige interessante Ergebnisse darüber gewinnen können, und zwar insbesondere durch die Arbeiten eines in den Niederlanden wohnenden Astronomen-Ehepaares, das sich bei diesen Arbeiten sogar kennen und lieben gelernt hat – Cornelis van Houten und Ingrid van Houten-Groeneveld. Zusammen mit mehreren amerikanischen Kollegen nahmen beide in den Jahren 1950 bis 1952 am amerikanischen McDonald-Observatorium in Texas insgesamt 2404 Fotoplatten von ausgewählten Stellen des Himmels auf und wiederholten das Programm im Jahre 1960

Bild 17 (oben). „Schmidt-Spiegel“ der Mount Palomar-Sternwarte. Mit diesem Gerät wurden viele Kleine Planeten gefunden. Aufnahme J. Ekrutt

Bild 18 (unten). Die Anzahl der Planetoiden nach Beobachtungen des Ehepaares Van Houten-Groeneveld. Rote Punkte: nach Beobachtungen in den Jahren 1950–1952; blaue Punkte: nach Beobachtungen im Jahre 1960.

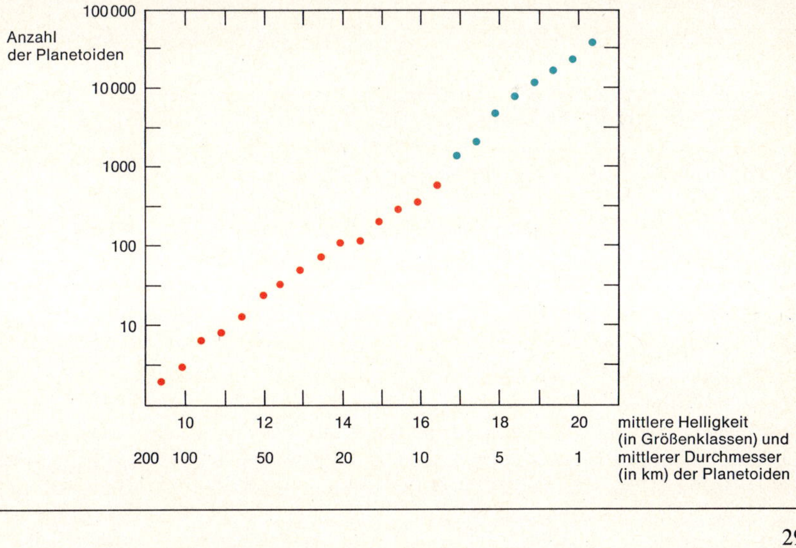

mit der größten Himmelskamera der Welt auf der Mount Palomar-Sternwarte in Kalifornien. Die mühsame Auswertung dieser Platten dauerte bis zum Jahre 1970; zum Teil fanden sich auf einer einzigen Aufnahme 400 Kleine Planeten! Die schwächsten waren nur noch so hell wie eine Kerze, die man aus 10 000 Kilometer (!) Entfernung betrachtet. Das eindrucksvolle Ergebnis dieser mühsamen Untersuchung findet man in dem folgenden Diagramm (Bild 18). Die Anzahl der Planetoiden wird danach mit geringer werdender Helligkeit immer größer, und zwar erfolgt der Anstieg streng gesetzmäßig. Ein Planetoid 10. Größe strahlt etwa 40mal schwächer als ein mit bloßem Auge gerade noch sichtbarer Stern, einer mit 15 Größenklassen 4000, einer mit 20 gar 400 000mal schwächer! Insgesamt gibt es somit rund 40 000 Kleine Planeten, die man von der Erde aus gerade noch mit Riesenfernrohren sehen kann. Das heißt nun aber nicht, daß das „Planetoiden-Ehepaar" VAN HOUTEN etwa so viele Planetoiden gesehen hätte – eine solche Arbeit wäre in einem Menschenleben überhaupt nicht zu schaffen. Vielmehr wurden von beiden zwischen 1960 und 1970 insgesamt 1814 Kleine Planeten tatsächlich vermessen und dann durch exakte Rechnungen auf die Gesamtzahl von 40 000 Stück geschlossen.

Die in dem kleinen Diagramm unter der Helligkeit angegebenen Durchmesser der Planetoiden sind nur grob geschätzte Werte, weil die Helligkeit dieser Gestirne nicht nur von ihrer Größe, sondern auch von ihrer Entfernung zur Erde abhängt. Trotzdem zeigt das Diagramm deutlich das enorme Anwachsen der Anzahl der Planetoiden mit sinkendem Durchmesser. Unterhalb eines Kilometers scheint die Zahl bald in wahrhaft astronomische Größen zu klettern. Milliarden von ein Meter großen Brocken und darunter tummeln sich demnach dort um die Sonne, und tatsächlich vermuteten aufgrund der Ergebnisse des Planetoiden-Ehepaares VAN HOUTEN (übrigens heißen die Kleinen Planeten 1673 und 1674 ihnen zur Ehre van Houten und Groeneveld) viele Forscher, daß die Planetoiden eine undurchdringliche Barriere für den Flug zu fernen Gestirnen bildeten.

Die Planetoiden – tödliche Gefahr für Raumfahrer?

Das ist auch nicht verwunderlich, denn die kleinsten Kleinen Planeten könnten ein Raumschiff glattweg wie Geschosse durchschlagen, weil ihre Geschwindigkeit beim Zusammenprall immerhin etwa 50 000 Kilometer pro Stunde beträgt! Ein Teilchen mit einem Gewicht von nur einem Hundertstel Gramm würde bei dieser Geschwindigkeit eine Aluminiumplatte von 1 cm Dicke durchlöchern und das Raumschiff schwer beschädigen. Würde Pionier 10 das überstehen? lautete daher die bange Frage, als sich die Raumsonde dem Planetoidengürtel immer mehr näherte (Bild 19). Für dessen Erforschung war sie gut gerüstet. Auf der Rückseite der großen Antenne, die ständig auf die Erde gerichtet war, befanden sich 234 kleine Zellen, gefüllt mit einem Gemisch aus Stickstoff und Argon. Die Außenhaut der Zellen be-

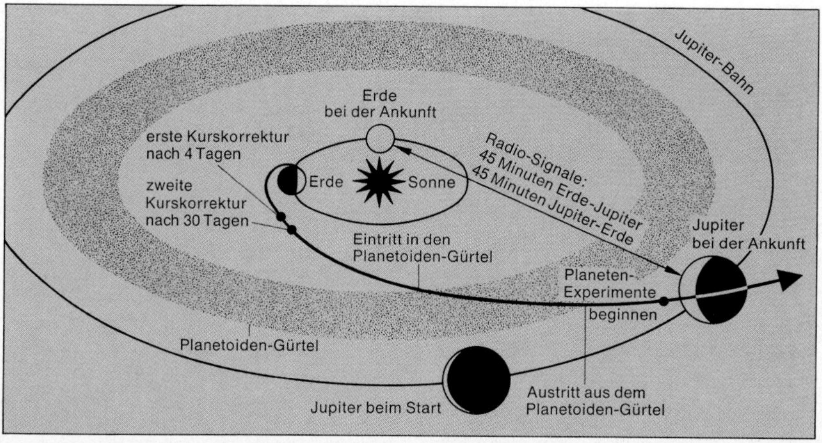

Bild 19. Die Flugbahn der Jupitersonden Pionier 10 und Pionier 11. Pionier 10 verläßt das Sonnensystem, Pionier 11 fliegt weiter zum Saturn.

stand aus nur 1/40 Millimeter dickem Stahl. Schon Teilchen von einem Billionstel Gramm Gewicht konnten diese Wand durchschlagen, und der Druckabfall, der durch das entweichende Gas entstand, wurde elektronisch registriert. Die Anzahl der auftreffenden Partikel ließ sich so messen. Außerdem beobachteten vier kleine Spezialfernrohre die Umgebung der Raumsonde. Sie vermaßen Anzahl, Geschwindigkeit, Größe und Richtung von vorbeifliegenden Teilchen und konnten noch einen erbsengroßen Mini-Planetoiden aus 100 m und einen Brocken von der Größe eines Ping-Pong-Balls aus einem Kilometer Entfernung ausmachen. So gerüstet erreichte Pionier 10 Anfang Juli 1972 das Reich der Kleinen Planeten und verließ es im Februar 1973 – völlig unbeschädigt. Bis zum 20. Oktober 1972, als Pionier 10 im Zentrum des Planetoidengürtels stand, waren erst 83 seiner 243 Gaszellen getroffen worden. Partikel mit einem Durchmesser unter 1/1000 mm nahmen von der Erde aus an Anzahl immer mehr ab, zwischen 1/100 und 1/10 mm blieb die Anzahl gleich, und lediglich zwischen 1/10 und 1 mm war die Zahl im Planetoidengürtel etwa 3mal höher als außerhalb. Die vier Mini-Teleskope an Bord konnten kein einziges Teilchen größer als 1 mm erkennen. Insgesamt enthält das Reich der Kleinen Planeten also wesentlich weniger Material, als bisher angenommen wurde. Die Gefahren für ein durchfliegendes Raumschiff sind gering, denn den großen Planetoiden, deren Bahn man kennt, läßt sich leicht ausweichen. So kam Pionier 10 nur einmal am 2. Dezember 1972 an den Kleinen Planeten 307 Nike bis auf 9 Millionen km heran.

Bild 20. Start der Raumsonde Pionier 11 am 6. April 1973 in Kap Canaveral. Aufnahme R. Hillenbrand

Als daher am 6. April 1973 eine beinahe identische, 258 kg schwere Raumsonde, Pionier 11, von Kap Canaveral aus zum Jupiter auf die Reise geschickt wurde, waren die Befürchtungen der Astronomen und Raumfahrtexperten schon wesentlich geringer. Nachdem Pionier 11 zwischen August 1973 und März 1974 mit nahezu den gleichen Ergebnissen wiederum ohne Schaden das Gebiet der Kleinen Planeten durchkreuzt hatte, flog die Sonde genau ein Jahr nach ihrem Vorgänger Pionier 10 am 3. Dezember 1974 in nur 42 000 km Entfernung am Jupiter vorbei. Die Meßsignale und Bilder, die beide übermittelten, brauchten 45 Minuten zur Erde und waren so schwach, daß man ihre Energie 19 Millionen Jahre lang sammeln müßte, um eine Kerzenglühbirne für einen Weihnachtsbaum 1/1000 Sekunde lang zum Leuchten zu bringen! Doch zum ersten Mal erfuhr die Menschheit so hochinteressante Neuigkeiten über den größten aller Planeten:

Jupiter – König der Planetoiden

Im Jahre 1656 veröffentlichte der holländische Physiker und Astronom Christian Huygens eine wissenschaftliche Abhandlung, die einen merkwürdigen Abschluß hatte. Sieben a, fünf c, ein d, fünf e, ein g, ein h und noch eine weitere Zahl ver-

Bild 21. Farbaufnahme des Planeten Saturn. Die Trennlinien in seinen Ringen entsprechen den Lükken im Planetoidengürtel.

schiedener Konsonanten und Vokale konnte man dort aneinandergereiht lesen. Hinter diesem Sammelsurium von Buchstaben sollte eine große wissenschaftliche Entdeckung verborgen sein, die HUYGENS entsprechend einem etwas kuriosen Brauch der damaligen Zeit in Form eines sogenannten Anagramms veröffentlicht hatte. Niemand vermochte aus den Buchstaben einen sinnvollen Satz zu formen. Erst drei Jahre später gab HUYGENS die Lösung bekannt. Der lateinische Satz lautete ins Deutsche übertragen: „Er wird von einem dünnen, ebenen, nirgends mit ihm zusammenhängenden, gegen die Ekliptik geneigten Ringe umgürtet."
Er – das war der Planet Saturn. CHRISTIAN HUYGENS hatte als erster die wahre Gestalt seiner berühmten Ringe erkannt, die heute mit zu den schönsten Beobachtungsobjekten schon für kleinere Fernrohre am Himmel gehören. Damals jedoch, noch keine 50 Jahre nach Erfindung des Fernrohrs, war die Entdeckung der wahren Gestalt seiner Ringe eine erstrangige wissenschaftliche Leistung.
Vielleicht ist Ihnen eben aufgefallen, daß von den Saturnringen die Rede war und nicht schlechthin von dem Saturnring, wie man diese einzigartige Erscheinung gewöhnlich anspricht. Als die Fernrohre immer größer wurden und die Optiker im-

mer bessere Linsen zu schleifen verstanden, gelang nämlich im Jahre 1675 dem Franzosen DOMENICO CASSINI eine weitere Entdeckung. Er bemerkte, „daß die Breite des Rings durch eine dunkle, scheinbar elliptische, tatsächlich jedoch kreisförmige Linie in zwei Teile unterteilt war wie in zwei konzentrische Ringe, deren innerer heller war als der äußere", und fand damit die nach ihm benannte Cassinische Teilung, eine fast 4000 km breite Lücke, die den Saturnring deutlich in zwei Teile aufspaltet.

Woher kommt diese Lücke? Die Frage schien noch rätselhafter zu werden, als sich herausstellte, daß der Saturnring keinesfalls ein festes Gebilde ist, sondern sich im Gegenteil aus einer unschätzbaren Zahl kleinster Teilchen wie Gesteinsbrocken, Eisstückchen, sowie gefrorenen Gaspartikeln zusammensetzt. Sie alle umrunden den Saturn wie seine großen Monde – von denen er auch immerhin 10 Stück besitzt, die teilweise größer sind als der irdische Mond. Und diese sind es auch, die die Lükke im Gürtel der Mini-Satelliten erzeugen. Im Jahre 1867 fand der Amerikaner DANIEL KIRKWOOD die Lösung. Angenommen, ein Teilchen stände genau in der Cassinischen Teilung, so benötigte es nach den Gesetzen der Himmelsmechanik 11,3 Stunden, um einmal den Saturn zu umrunden. Der Mond Mimas nun benötigt für eine Saturnumkreisung 22,8 Stunden – etwa das zweifache des imaginären „Cassini-Teilchens", der Mond Enceladus 32,8 Stunden – etwa das dreifache, der Mond Thetys 45 Stunden – ungefähr das vierfache. Die Umlaufzeit der Saturnmonde ist also ein ganzes Vielfaches der eines Teilchens in der Cassini-Lücke. Würde dort wirklich ein Teilchen stehen, so geriete es ständig nach zwei, drei oder vier Umläufen zu einem der großen Monde in die gleiche Stellung. Die Anziehungskraft dieses Mondes wirkt also besonders häufig in einer bestimmten Richtung und treibt das Teilchen allmählich aus diesem kritischen Bereich hinaus, in dem seine Umlaufzeit in einem ganzzahligen Verhältnis zu dem eines der größeren Saturnbegleiter steht – „kommensurabel" ist, wie die Astronomen sagen. Müßten nicht dieselben Verhältnisse auch im Reich der Planetoiden gelten? Auch hier kreisen unzählig viele Gesteinsbrocken um einen mächtigen Zentralkörper, die Sonne, und dahinter steht ebenfalls ein großer Begleiter eben dieses Zentralkörpers – den Part der Saturnmonde spielt der Jupiter, der größte und mächtigste aller Planeten. Mit einer Masse, die 318mal größer ist als die der Erde, ist er eindeutig der König des Sonnensystems und muß natürlich auch durch seine große Nähe die vielen Kleinen Planeten stark beeinflussen. Leider kann man im Planetoidengürtel das Vorhandensein solcher Lücken nicht so deutlich sehen. Trägt man aber wie in unserem nächsten Diagramm (Bild 22) den mittleren Abstand und die Anzahl der Planetoiden gegenein-

Bild 22 (rechts). Die Kommensurabilitätslücken der Planetoiden. Oben: Die Lücken bei der Aufsicht auf den Planetoidengürtel. — Unten: Beziehung zwischen Umlaufzeit und Anzahl der Planetoiden.

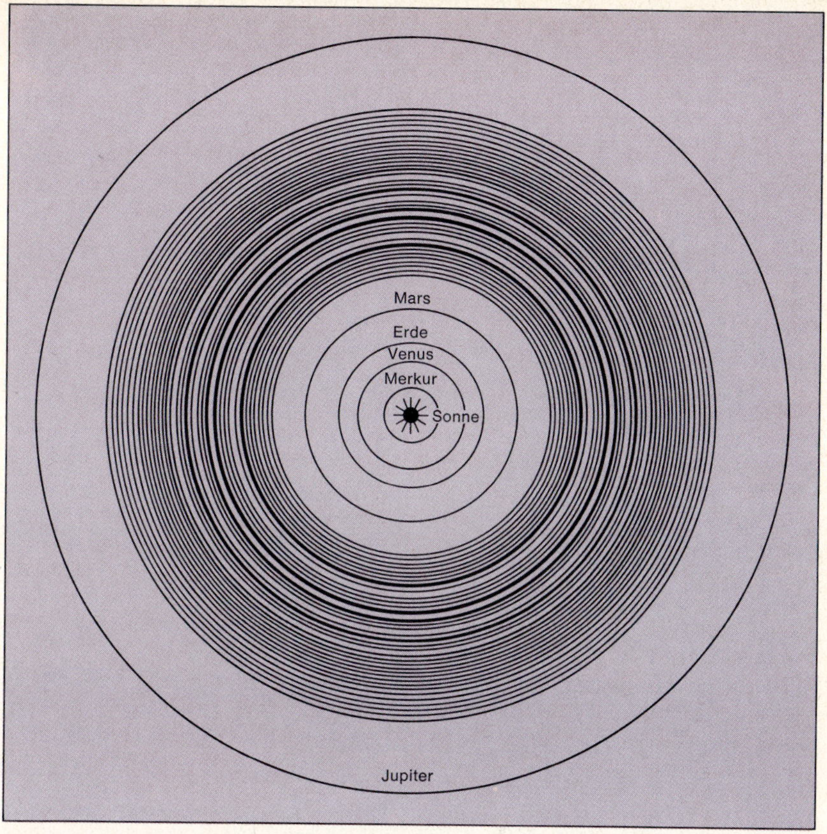
Mars
Erde
Venus
Merkur
Sonne
Jupiter

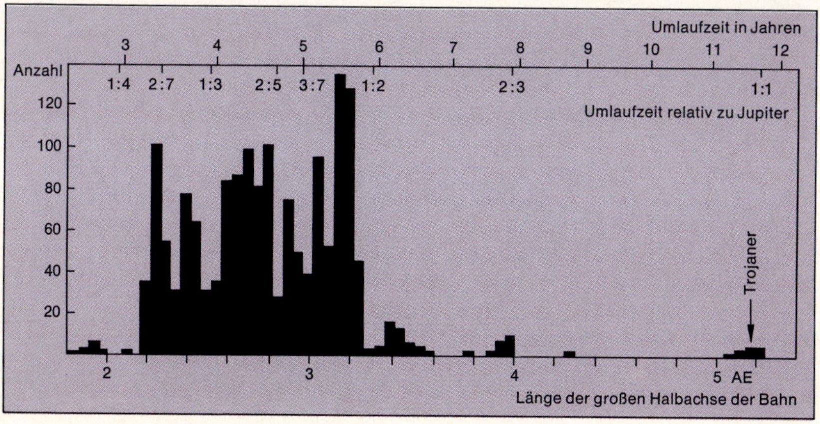
Umlaufzeit in Jahren
3
4
5
6
7
8
9
10
11
12
Anzahl
1:4
2:7
1:3
2:5
3:7
1:2
2:3
1:1
Umlaufzeit relativ zu Jupiter
120
100
80
60
40
20
Trojaner
2
3
4
5 AE
Länge der großen Halbachse der Bahn

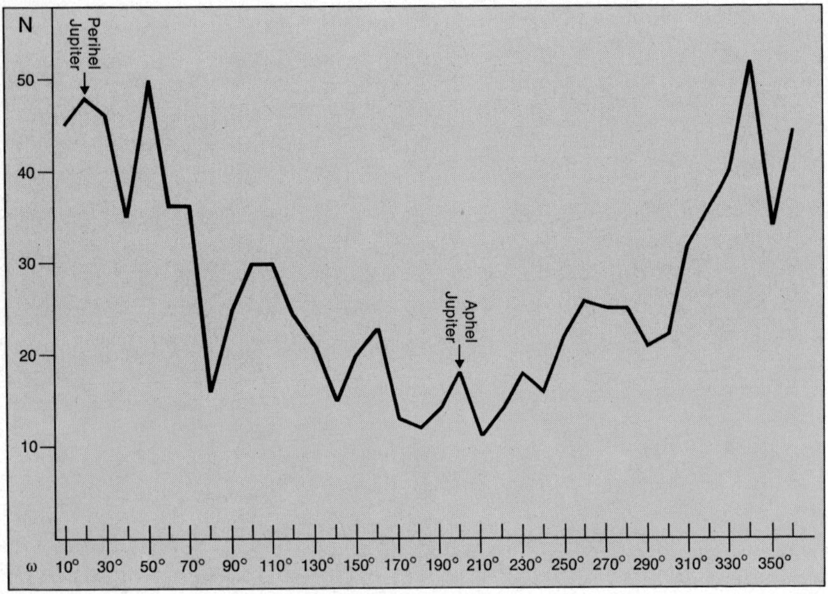

Bild 23. Die Perihellängen der Planetoiden 1 – 1000.

ander auf, so zeigt sich deutlich, daß an manchen Stellen wesentlich weniger Kleine Planeten stehen als an anderen – eine der wichtigsten und bemerkenswertesten Erscheinungen im Planetoidengürtel. Es existieren also auch hier Lücken wie die Cassinische Teilung der Saturnringe. Und bei einer genauen Rechnung zeigt sich ebenfalls: Die Umlaufzeit des Jupiters wäre ein ganzes Vielfaches der Umlaufzeit eines Kleinen Planeten in der Lücke – daher nennt man diese Lücken „Kommensurabilitätslücken" oder „Kirkwood-Lücken" nach ihrem Entdecker, demselben wie bei der Cassini-Teilung. Jupiter sortiert also die Kleinen Planeten nach seinem Willen, auch ihr sonstiger Bahnverlauf hängt entscheidend von ihm ab. Das zeigt sich z. B. an der Lage der Perihelia der Planetoiden. Auch sie sind in Richtung des sonnennächsten Punktes der Jupiterbahn dreimal häufiger als in der Gegenrichtung (Bild 23). Allerdings – völlig uneingeschränkt ist sein Einfluß nicht, denn in dem Diagramm von Bild 22 findet sich bei dem Verhältnis 1 : 1, also bei Planetoiden, die die gleiche Umlaufzeit haben wie Jupiter, erstaunlicherweise keine Lücke, sondern eine Häufung von Himmelskörpern. Dahinter verbirgt sich eine der bemerkenswertesten Gruppen von Kleinen Planeten:

Bild 24. Aufnahme des Jupiters durch die Raumsonde Pionier 11 am 5. Dezember 1974. Aufnahme NASA

Die Trojaner

Als 1846 der Planet Neptun entdeckt wurde, war dies einer der eindrucksvollsten Beweise für die Richtigkeit der Gesetze der Himmelsmechanik, speziell für das der Massenanziehung oder Gravitation. Denn der Engländer ADAMS und der Franzose LEVERRIER hatten die Position des unbekannten Planeten vorherberechnet und ihn so quasi mit dem Rechenstift gefunden. Sie benutzten dazu einfach die Tatsache, daß der unbekannte Neptun sich durch die Anziehungskraft, die er auf die anderen Planeten ausübte, verriet.

Als am 22. Februar 1906 Dr. MAX WOLF in Heidelberg auf einer Fotoplatte den Kleinen Planeten 1906 TG fand, den er später als Nummer 588 katalogisiert Achilles taufte, hielt er damit einen im Grunde nicht minder spektakulären Beweis für die Richtigkeit des Gravitationsgesetzes in Händen. Doch war die Begeisterung der Astronomen viel geringer als bei der Entdeckung des Neptun. Für einen bedeutenden französischen Astronomen aber wurde die Entdeckung zu einer späten Bestätigung seiner Arbeit.

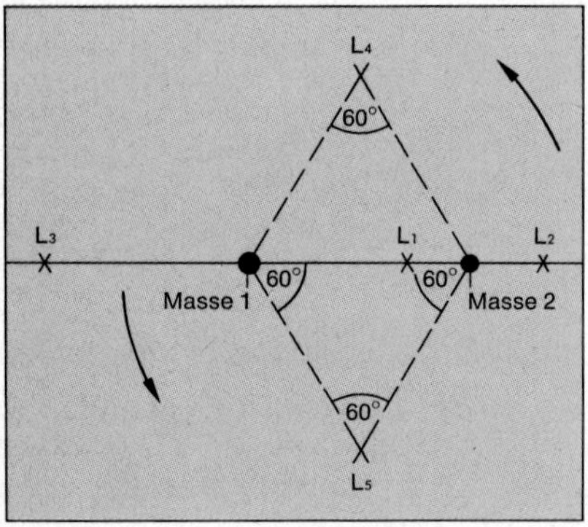

Bild 25. Die Librationspunkte. Bewegen sich zwei Massen umeinander, so können andere nur an den fünf Punkten $L_1 - L_5$ stabile Bahnen einnehmen, ohne allmählich von den anderen aus diesen Bahnen gedrängt zu werden – vorausgesetzt, sie sind sehr klein.

JOSEPH LOUIS LAGRANGE, 1736 in Turin geboren, war von FRIEDRICH DEM GROSSEN zum Direktor der Berliner Akademie der Wissenschaften ernannt worden und widmete sich dort vor allem dem sogenannten Dreikörperproblem. Darunter versteht man in der Astronomie die Frage, wie sich drei Körper unter dem Einfluß ihrer Anziehungskraft bewegen. Handelt es sich nur um zwei (etwa Planet und Sonne), so beschreiben sie feste Bahnen umeinander, die nicht veränderlich sind. Bei dreien jedoch ist das Problem viel komplizierter. Die Bahnen des Himmelskörpers sind nicht mehr unveränderlich, sondern unterliegen ständigen, schwer berechenbaren Veränderungen, sogenannten Störungen. Eine Folge davon ist z. B. das Auftreten der Kommensurabilitätslücken im Planetoidengürtel. LAGRANGE behauptete nun in einer 1788 veröffentlichten Schrift, daß es mehrere bestimmte Fälle gebe, in denen auch drei Körper feste Bahnen einschlagen und nicht zwei zusammen den dritten vertreiben. Diese Punkte finden Sie in Bild 25 eingezeichnet. Die Punkte L_4 und L_5 (L kommt von Librationspunkte, wie LAGRANGE seine Entdeckung nannte) bilden mit den beiden Hauptmassen ein gleichseitiges Dreieck, die restlichen drei liegen auf der Verbindungslinie zwischen beiden.

Die Astronomen hielten LAGRANGES Ideen lange Zeit für eine Spielerei – er selbst übrigens auch. Doch als man 1906 die Bahn von 588 Achilles berechnet hatte, entsann man sich sofort seiner Ideen. Denn Achilles lief genau in der Jupiterbahn, und zwar dem Jupiter um etwa 60 Grad voraus – er bildete mit der Sonne und dem König des Planetoidenreiches ein gleichseitiges Dreieck. Gespannt wartete man natürlich, ob sich auch in dem anderen, nachfolgenden Punkt ein solcher Himmelskörper aufhielt, und tatsächlich meldete nur wenige Monate später der Astronom KOPFF die Entdeckung von 617 Patroclus, der dem Jupiter um 60 Grad hinterherlief. Nachdem beide Planetoiden (zufällig) nach Helden aus der griechischen Sage um den Trojanischen Krieg benannt worden waren, setzte man diesen Brauch fort und benannte sie fortan alle so – daher rührt der Name Trojaner, zumal sie ja alle nach der alten Namensregel als außergewöhnliche Planetoiden männlich zu bezeichnen waren. 60 Grad vor Jupiter marschieren Angehörige der griechischen Seite; 60 Grad dahinter ihre trojanischen Gegenspieler (vgl. die Tabelle 3 im Anhang). Dabei passierten allerdings zwei Mißgeschicke, denn Planetoid 624 Hektor und 617 Patroclus laufen jeweils im falschen Lager mit. Hektor war nach Homer der Anführer des trojanischen Heeres und Patroclus der Freund des Achilles, des größten Helden bei den Griechen. Wie Bild 26 zeigt, stehen die Trojaner allerdings nicht immer in den Librationspunkten, sondern bewegen sich in nierenförmigen Bahnen um diese herum. Im Augenblick am weitesten von den mathematischen Punkten entfernt steht Planetoid 1868 Thersites – er wurde von seinen Entdeckern, dem Ehepaar VAN HOUTEN, bewußt nach einem Griechen benannt, der den Kampf um Troja beenden und nach Hause gehen wollte . . .

An den Grenzen des Planetoidenreiches

Allerdings heißt das nicht, daß die Trojaner trotz ihrer gleichgroßen Entfernung wie Jupiter die entferntesten aller Planetoiden sind. Es existiert einer, der sie noch übertrifft; 944 Hidalgo, der völlig aus dem Rahmen fällt und sich sogar bis an die Saturnbahn heranschiebt, das angestammte Reich der Planetoiden zwischen Mars und Jupiter also weit hinter sich läßt. Er bildet, benannt nach einem mexikanischen Revolutionär, zusammen mit den Trojanern die äußere Grenze des Planetoidengürtels. Der Kleine Planet, der in das andere Extrem fällt, sich also der Sonne am stärksten nähert und die Planetoiden nach innen abgrenzt, ist der berühmte Planetoid 1566 Ikarus. Für ihn haben wir ein ganzes, noch folgendes Kapitel reserviert.
Interessanterweise wurden beide Extrem-Planetoiden, sowohl Hidalgo als auch Ikarus, von demselben Astronomen, dem Deutschen WALTER BAADE entdeckt. Auch er steuerte einen lustigen Planetoidennamen bei, nämlich 966 Muschi. Das ist nicht etwa der Name einer Katze, sondern der Kosename seiner Ehe-

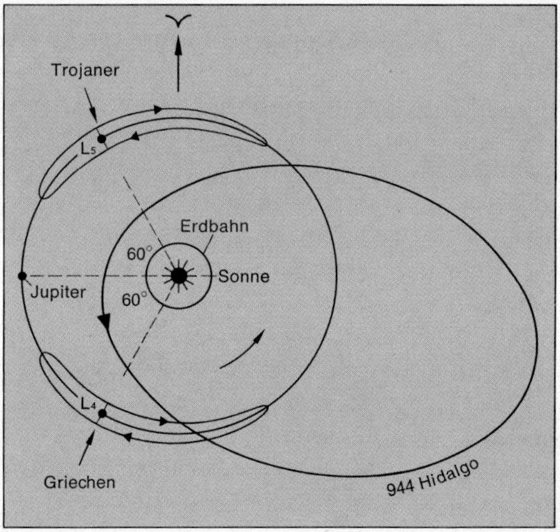

Bild 26. Die Trojaner und Hidalgo.

frau HANNELORE. BAADE schenkte ihr seinen Planetoiden zur Hochzeit, doch zuvor hatte er noch einen harten Strauß mit dem Chef des Recheninstituts GUSTAV STRACKE auszufechten. Dieser fand Muschi zu lächerlich, und erst nachdem BAADE gedroht hatte, sämtliche Beobachtungen von Kleinen Planeten einzustellen, genehmigte STRACKE grollend diesen „lächerlichen Katzennamen, eines Gestirns nicht würdig".

Die Identifikation Kleiner Planeten

Es gibt bestimmt interessantere Lektüren als eine Liste der numerierten Kleinen Planeten. Mit wenigen Ausnahmen kennt man von ihnen nur die Bahnelemente, das heißt ihr Steckbrief besteht in einer endlosen Kette von Zahlen. Und doch, auch Zahlen können Überraschungen enthalten. Macht man sich nämlich die Mühe, einmal alle zu überfliegen, so stutzt man spätestens bei der Nummer 864. Bei dem Kleinen Planeten Aase (benannt nach einer Figur aus IBSENS Peer Gynt) fehlen die Bahnelemente. Diesen Kleinen Planeten gibt es überhaupt nicht, als seelenlose Nummer und Name erscheint er in den modernen Katalogen – Musterbeispiel für eines der schwierigsten Probleme der Planetoidenforschung.

Der Geisterplanet

Am 13. Februar 1917 entdeckte Dr. MAX WOLF in Heidelberg-Königstuhl auf einer Fotoplatte einen Kleinen Planeten. Nachdem das Astronomische Recheninstitut in Berlin-Dahlem eine Bahn berechnet hatte, erhielt er die Nummer 864, und MAX WOLF nannte ihn Aase.

Danach hörte man nichts mehr von Aase. In den folgenden Jahren gelang es keinem Astronomen, 864 Aase zu beobachten. Die vorausberechneten Positionen am Himmel waren zu ungenau, und je weiter man sich vom Entdeckungsjahr entfernte, um so größer wurde der Fehler und um so geringer die Wahrscheinlichkeit, ihn wiederzufinden. Planetoid 864 Aase war verloren.

Fast 10 Jahre später, am 7. Dezember 1926, hatte Dr. KARL REINMUTH wieder einmal eine Fotoplatte belichtet und studierte sie unter dem Meßgerät. Wie nicht anders zu erwarten, waren mehrere Planetoiden auf ihr zu finden. REINMUTH meldete seine Beobachtungen nach Berlin, und eine seiner Entdeckungen erhielt die Bezeichnung 1926 XB. Nach einer Bahnbestimmung glaubten die Astronomen im Recheninstitut, einen neuen, noch unbekannten Kleinen Planeten vor sich zu haben und trugen ihn als Nummer 1078 in die offizielle Planetoidenliste ein. Dr. REINMUTH nannte ihn Mentha – nach einer Pflanze.

Im Gegensatz zu 864 Aase ließ sich 1078 Mentha auch in den folgenden Jahren beobachten und weiterverfolgen. Die Positionen, die man für beide errechnete, wichen sehr stark voneinander ab. Um so überraschter war daher die Fachwelt, als 1958 der Astronom PATRY aus Nizza mitteilte, er habe durch genaue Berechnungen festgestellt, daß sich hinter 864 Aase und 1078 Mentha ein und derselbe Himmelskörper verberge, daß beide also identisch sind. Was sollte man tun? Man konnte einem Planeten nicht zwei Namen und Nummern lassen, sondern entschloß sich, ihm den Namen Mentha und die Nummer 1078 zu belassen. 864 Aase sollte ein anderer Kleiner Planet unterschoben werden, der ebenfalls von MAX WOLF im Winter 1917 beobachtet worden sein sollte. Doch leider hatte MAX WOLF in diesem Zeitraum keinen gefunden, für den man eine exakte Bahn berechnen konnte. So blieb nichts anderes übrig, als 864 Aase als leere Nummer stehen zu lassen – als Geisterplanet sozusagen. (1974 wurde dann allerdings der von Dr. KARL REINMUTH am 30. September 1921 entdeckte Planetoid 1921 KE als „echter" 864 Aase nachträglich bezeichnet.)

Ein Kleiner Planet etabliert sich

An diesem Beispiel zeigt sich sehr schön, wie schwer es ist, die Kleinen Planeten am Himmel auseinanderzuhalten. Der Grund dafür ist klar: Die Planetoiden sind Punkte, die sich von den Sternen nur durch ihre Bewegung, voneinander aber lediglich durch ihre Bahn unterscheiden. So kann es leicht passieren, daß selbst erfahrene Astronomen wie im Falle von Aase und Mentha einfach übersehen, daß ein Kleiner Planet schon Jahre vorher beobachtet wurde. Außerdem kommt natürlich die schon fast unübersehbare Zahl von zehntausend beobachteten Kleinen Planeten erschwerend hinzu. Wenn ein Astronom daher heute einen Planetoiden findet, so kann er fast 100%ig sicher sein, daß ein Kollege ihn schon vorher irgendwann einmal gesehen hat. Am besten schaut er dann zunächst im jährlich neu erscheinenden Jahrbuch der Kleinen Planeten nach, ob es sich nicht um einen bereits numerierten Kleinen Planeten handelt. Sehr oft hört die Suche hier schon auf, weil praktisch alle Planetoiden, die man mit Fernrohren sehen kann, schon katalogisiert sind. Stimmen die beobachteten und die errechneten Positionen überein, so ist die Identifikation gelungen, und der Kleine Planet erhält nicht etwa eine zweibuchstabige, vorläufige Bezeichnung. Dies geschieht erst dann, wenn die Suche im Jahrbuch keinen Erfolg hat. Die Erteilung einer vorläufigen Bezeichnung sagt also überhaupt nichts darüber aus, daß hier ein neuer Kleiner Planet entdeckt wurde, sondern sie dient nur zur Unterscheidung der verschiedenen Beobachtungen.
Eine Anekdote am Rande zeigt dabei, wie sehr man bei der Identifizierung aufpassen muß. Im Dezember 1943 beobachteten einige japanische Astronomen einen Kleinen Planeten. Sie konnten ihn nicht identifizieren und meldeten seine Beobachtung, die als 1943 XB bezeichnet wurde. Später konnte das Nachrichtenblatt der

Astronomischen Zentralstelle in Berlin die erstaunliche Nachricht bringen, daß 1943 XB mit dem Kleinen Planeten 1 Ceres identisch war, also ausgerechnet mit dem am längsten bekannten und hellsten von allen! Noch schlimmer kann man sich wirklich nicht mehr blamieren.

So ein Fehlgriff ist in der über 150jährigen Geschichte der Planetoidenforschung aber auch nur ein einziges Mal vorgekommen. Die Gefahr ist allein schon deshalb ständig geringer geworden, weil immer weniger Astronomen Kleine Planeten beobachten oder gar ihre Bahn berechnen. Nur noch wenige widmen sich der etwas mühevollen, aber nicht uninteressanten Aufgabe, herauszufinden, welche der vielen vorläufig bezeichneten Kleinen Planeten miteinander identisch sind, also z. B. folgendes Ergebnis zu erzielen: 1954 TB = 1933 UO. Diese Arbeit ist insbesondere deshalb wichtig, weil nur bei Vorliegen vieler solcher Identitäten, also bei Vorliegen vieler Beobachtungen eines Kleinen Planeten aus verschiedenen Jahren eine Numerierung vorgenommen werden kann. Die Entscheidung über den Eintritt des Kleinen Planeten in die High Society der Planetoiden liegt beim Minor Planet Center in Cincinnati. Einer der erfolgreichsten Astronomen auf dem Gebiet der Identifikation Kleiner Planeten ist interessanterweise ein Amateur – ein katholischer Priester aus Oberfranken.

Der Planetoidenjäger

Etwa 20 km nördlich von Bamberg liegt das kleine Dorf Reckendorf. Seit 1966 wird die dortige katholische Kirche von dem Pfarrer Dr. Otto Kippes geleitet. 1905 geboren und 1929 zum Priester geweiht, beschäftigte er sich erstmals im Jahre 1940 mit den Kleinen Planeten. Die Leiter des Astronomischen Recheninstituts, Prof. Kahrstedt und der schon mehrfach erwähnte Prof. Stracke leisteten ihm dabei wertvolle Hilfe. Gerade Stracke hatte sich auf dem Gebiet der Identifizierung und der Berechnung Kleiner Planeten große Verdienste erworben. Durch eine schwere Krankheit war er zeitlebens ein verkrüppelter Zwerg geblieben. Wie schon gesagt wollte Stracke nicht, daß ein Planetoid nach ihm benannt wurde, und so boten ihm mehrere Astronomen Planetoiden an, die er selbst taufen durfte. Aus ferner Bewunderung für die Schauspielerin Asta Nielsen wählte er für die Nummer 1041 daraufhin den Namen Asta und für den Himmelskörper 1374 Isora – ein merkwürdiger Begriff, der folgendermaßen zustande kam: Isor muß man rückwärts lesen, dann ergibt sich der Name Rosi. Hinzu tritt die weibliche Endung -a. Wer Rosi war, wollte Stracke nicht verraten.

Kein Wunder also, daß auch Dr. Kippes vor allem zu theoretischen Untersuchungen angeregt wurde. Im Fernrohr gesehen hat er übrigens bisher nur die Ceres. Doch bei der Suche mit dem Rechenstift entwickelte er eine wahre Meisterschaft, denn insgesamt gelangen ihm inzwischen über 500 Identifizierungen! Sein einziges

Bild 27. Otto Kippes, katholischer Priester und führender Experte für die Identifizierung Kleiner Planeten, lebt heute in Würzburg.

Hilfsmittel sind eine Logarithmentafel und mehrere Zigarrenkästen. Darin bewahrt er seine Kartei auf, in der sämtliche jemals gemachten Beobachtungen unnumerierter Planetoiden sowie alle berechneten Bahnen verzeichnet sind. Dr. KIPPES, nach dem inzwischen der Kleine Planet 1780 Kippes benannt wurde, hat sich vor allem der Suche nach den verlorenen Planetoiden gewidmet. Das sind solche, die man nur einmal bei der Entdeckung gesehen hat und danach nicht wiederfinden konnte. Das heißt, beobachtet wurden sie in der Zwischenzeit bestimmt noch einmal in Gestalt irgendeines, bisher nur vorläufig bezeichneten Planetoiden, aber welchem? Um das herauszufinden, braucht man manchmal schon kriminalistischen Spürsinn, kann dann aber auch eindrucksvolle Erfolge erzielen. Den größten errangen Dr. KIPPES und die Astronomen des Minor Planet Centers im Jahre 1970. Nach 95 Jahren fanden sie den von allen am längsten vermißten Planetoiden wieder:

155 Scylla – ein Planetoiden-Krimi

Am Morgen des 9. November 1875 beobachtete der österreichische Astronom JOHANN PALISA das Sternbild Widder. Er saß in der Südwestkuppel der kleinen Marine-Sternwarte auf dem Monte Zaro des Adriatischen Kriegshafens von Pola. Gegen

3 Uhr früh fand er beim Vergleich seiner Sternkarte mit dem Himmel einen schwach leuchtenden Punkt, der dort nicht verzeichnet war. Eine genaue Kontrolle, die Palisa mit einem Meßgerät ausführte, zeigte eine geringfügige Bewegung. Es handelte sich also um einen Kleinen Planeten. PALISA meldete seine Beobachtung nach Berlin und konnte am 23. November 1875 noch eine Position messen. Danach wurde der Planet zu leuchtschwach, um weiter gesehen werden zu können. Eine Bahnbestimmung ergab, daß die Bahnelemente nur sehr unsicher zu bestimmen waren. Trotzdem hatte man den neuen Planetoiden schon als Nummer 155 in die Entdeckungsliste eingetragen. PALISA nannte ihn Scylla, doch Scylla war zunächst verloren – infolge der unsicheren Bahnelemente konnte man seine Position nicht vorausberechnen.

Erst 32 Jahre später tauchte Scylla wieder auf – nur bemerkte es niemand. In Tauton, Massachusets, USA, lebte damals der Amateurastronom JOEL METCALF, der sich ebenfalls der Beobachtung Kleiner Planeten verschrieben hatte. Am 10. Oktober 1907 fotografierte er das Sternbild Walfisch und entdeckte einen Kleinen Planeten, der die Bezeichnung 1907 AP erhielt. Nachdem er seine Meldung nach Deutschland durchgegeben hatte, beobachtete auch JOHANN PALISA den Kleinen Planeten am 5. und 7. November. Er hatte die verlorene Scylla vor sich, doch er ahnte es nicht, und die Chance verstrich ungenutzt.

Sie kam erst 1966, als der Astronom BARDWELL vom Minor Planet Center sich des Falles 155 Scylla annahm. Er verglich sämtliche jemals gerechneten Bahnen und fand, daß die des Kleinen Planeten 1939 TK der von Scylla entsprach und 1939 TK auch im November 1875 im Widder gestanden hatte. Für eine Rückrechnung über 54 Jahre bis 1875 waren aber auch diese Daten zu ungenau.

Nunmehr trat Dr. KIPPES auf den Plan. Beim Durchsuchen seiner Kartei fand er, daß 1939 TK wahrscheinlich mit 1930 UN, 1941 HL, 1950 FL, 1950 FN und eventuell auch mit 1907 AP identisch sein müßte. Nunmehr lagen vermutlich zusammengehörige Positionen eines Kleinen Planeten aus fünf verschiedenen Jahren vor. Man mußte jetzt eine Bahn ausrechnen und so lange verändern, bis alle Beobachtungen mit ihr übereinstimmten. Wegen der Schwierigkeit dieses Verfahrens übernahm das wieder der Astronom BARDWELL aus Cincinnati mit Hilfe des Computers the NORC (vgl. den gleichnamigen Kleinen Planeten, S. 22). Das Ergebnis war eindeutig; hinter allen Beobachtungen steckte ein und derselbe Planetoid. Sollte es vielleicht 155 Scylla sein? Mit großer Spannung gingen die Astronomen des Minor Planet Centers daran, für ihren fünffach beobachteten Kleinen Planeten die Position im November 1875 zu errechnen. Und tatsächlich; sie stimmte mit den von PALISA beobachteten überein. Nach 95 Jahren war 155 Scylla wiedergefunden. Fünfmal hatte man sie in der Zwischenzeit gesehen, aber keinem war es aufgefallen. Mit den übrigen „verlorenen", die man nach der Entdeckung nicht wiedersah, wird es ebenfalls so sein. Dr. KIPPES glaubt, daß sie sich hinter den folgenden verbergen:

Tabelle 2: Verlorene Planetoiden

Planetoid	Entdeckungsjahr	Vermutete Identität
330 Adalberta	1892	1923 OM, 1929 RU, 1951 CI_1
473 Nolli	1901	1937 EG, 1950 RN
612 Veronika	1912	1934 UA, 1967 RN
719 Albert	1911	Palomar-Sonderplanetoid 4788
724 Hapag	1911	1930 UG, 1972 TG_8
831 Stateira	1916	1931 DE, 1938 FI, 1962 PP
843 Nicolaia	1916	1971 UC_2
878 Mildred	1916	1947 DC
1026 Ingrid	1923	1964 XK, 1964 XL
1206 Numerowia	1932	1955 SC
1316 Kasan	1933	1948 VK
1370 Hella	1935	1959 XB, 1972 TA_6

Kleine Planeten als Individuen

Wissen Sie, wo das größte Fernrohr der Welt steht? Vermutlich lautet Ihre Antwort: Auf dem Mount Palomar in Kalifornien. Diese Sternwarte ist zweifellos die berühmteste von allen, mit einem ihrer Teleskope wurde eine wichtige Untersuchung über die Gesamtzahl der Kleinen Planeten gemacht (vgl. S. 29). Das größte Fernrohr der Welt jedoch steht seit 1970 in der UdSSR, und zwar im Kaukasus bei dem kleinen Ort Selentschuk. Es ist ein Teleskop mit einem Durchmesser von sechs Metern, während das Mount Palomar Fernrohr „nur" fünf Meter groß ist und damit auf den zweiten Rang zurückfiel. Bei beiden handelt es sich um Spiegelfernrohre, das heißt ein exakt parabelförmig geschliffener Spiegel fängt das Licht auf und bündelt es. Überhaupt arbeiten heute alle großen Teleskope der Welt mit Spiegeln. Bei Amateurastronomen findet man dagegen sehr oft auch Instrumente, die den üblichen Vorstellungen mehr entsprechen und mit Linsen arbeiten. Solche Geräte sind bei den Astronomen rar geworden, aber um so interessanter ist die Frage, wo sich das größte dieser Art befinden mag. Es gehört der Universität von Chicago und steht in deren Yerkes-Sternwarte in Williams Bay im US-Bundesstaat Wisconsin. Sein Objektiv, eine geschliffene Linse von 1,02 Meter Durchmesser, ist noch heute das größte der Welt, obwohl das Teleskop bereits 1897 fertiggestellt wurde, vor

80 Jahren, ein deutliches Zeichen für die geringe Bedeutung der Linsenfernrohre in der modernen Sternkunde. Größere Linsen lassen sich nämlich nicht mehr schleifen, weil sich sonst das Glas in der Mitte durchbiegen würde, während Spiegel auf der gesamten Rückseite gestützt und dadurch wesentlich größer gebaut werden können. Nur drei Jahre nach Inbetriebnahme des größten Linsenfernrohrs der Welt erbrachte es ein bis heute einzig dastehendes Ergebnis.

Die großen Kleinen Planeten

Mit dem damals größten Fernrohr der Welt an der Yerkes-Sternwarte arbeitete um 1900 der Astronom EDWARD EMERSON BARNARD. Er hatte bereits einen fünften Mond des Planeten Jupiter entdeckt und setzte nunmehr unter anderem seine schon früher begonnenen Arbeiten fort, die Durchmesser der ersten vier Planetoiden zu messen. Dies war eine unglaublich schwierige Aufgabe, denn die Kleinen Planeten machten ihrem Namen alle Ehre. Sie erschienen wirklich nur wie Punkte, und es bedurfte schon des Riesenfernrohrs des Yerkes-Observatoriums und dann noch einer extrem starken Vergrößerung, um endlich nicht nur einen Punkt, sondern ein winziges Scheibchen zu erkennen, dessen Durchmesser gemessen werden konnte. BARNARD schreibt selbst, welche Mühe es kostete, die Planetoiden zu vermessen, denn Ceres erschien z. B. nur so groß wie ein 10-Pfennig-Stück, das man aus 7,8 Kilometer Entfernung betrachtet! Insgesamt 40mal vermaß BARNARD die Planetoiden und erhielt schließlich folgende Werte für die Durchmesser (daneben modernere Werte, die 1974 aus der nachstehend beschriebenen indirekten Methode erschlossen wurden):

Ceres	767 km	(1048 km)
Pallas	489 km	(570 km)
Juno	193 km	(240 km)
Vesta	386 km	(570 km)

Bis heute sind Barnards Messungen die einzigen geblieben, die jemals an Kleinen Planeten direkt gemacht wurden. Trotzdem waren die Astronomen natürlich daran interessiert, auch die Durchmesser der übrigen zu bestimmen. Wie sollte das aber geschehen, wenn schon bei der großen Ceres nur mit Mühe eine Messung möglich war! Ein Ausweg bot sich an. Die Kleinen Planeten leuchten ja im Sonnenlicht, das heißt sie müssen um so mehr Licht zur Erde zurückwerfen, je größer sie sind, oder,

Bild 28. Der Kleine Planet Pallas projiziert auf die Halbinsel Sinai, die von einem Gemini-Raumschiff fotografiert wurde. Aufnahme von Gemini 11.

was auch sein kann, ihre Oberfläche besteht aus einem helleren Material und wirft daher mehr Licht zurück. Diesen Einfluß kann man leider nicht berücksichtigen, so daß die durch Helligkeitsmessung bestimmten Durchmesser unter Umständen ziemlich falsch sein können. Trotzdem ist es die einzige Möglichkeit, überhaupt etwas über die Größe zu erfahren, und das so ermittelte Ergebnis ist recht interessant. Insgesamt gibt es nämlich nur 34 Kleine Planeten, die einen Durchmesser von mehr als 100 km haben, davon nur vier mit mehr als 200 km, und zwar neben 1 Ceres, 2 Pallas, 4 Vesta (vgl. oben) noch 15 Eunomia mit etwa 220 km. Das dürfte auch die jeweilige gesamte Zahl aller überhaupt vorhandenen Kleinen Planeten sein, denn im Laufe der 175 Jahre, seit man sie kennt, wären andere mit mehr als 100 km Durchmesser bestimmt entdeckt worden. Trotzdem konnte sich interessanterweise einer dieser „großen Kleinen Planeten", 704 Interamnia mit ca. 124 km, bis zum Jahre 1910 der Entdeckung entziehen, bevor ihn am 2. Oktober der Italiener CERULLI in Teramo auffand. Das ist um so erstaunlicher, als man in der Zwischenzeit reihenweise wesentlich kleinere, damit leuchtschwächere und schwerer zu beobachtende Planetoiden aufgefunden hatte, ja sogar bis zu nur 5 km Durchmesser hinunter (646 Kastalia im Jahre 1907). Ähnlich klein sind auch die zuletzt entdeckten. Ab Nummer 1400 waren praktisch alle unter 20 km groß.

Ein Planetoid aus der Nähe

Wenn es schon große Schwierigkeiten macht, den Durchmesser der Kleinen Planeten zu bestimmen, so ist es natürlich völlig ausgeschlossen, auf ihnen im Fernrohr irgendwelche Einzelheiten zu erkennen. Und doch besitzen wir inzwischen dank modernster Technik Bilder – gewonnen im Dezember 1971 durch die amerikanische Raumsonde Mariner 9 und Ende 1976 durch die Marssonden Viking 1 und Viking 2.
Die Fotosonde Mariner 9 startete am 30. Mai 1971 von Kap Canaveral aus zu einem Flug in Richtung Mars. Am 13. November 1971 feuerte sie kleine Bremsraketen und schwenkte in eine Bahn um den Roten Planeten ein. Monatelang beobachtete sie mit ihren Fernsehkameras die Oberfläche des Planeten und funkte viele Tausend Bilder zur Erde, die unsere Vorstellungen vom Mars wesentlich erweiterten.
Der Rote Planet besitzt aber auch zwei winzig kleine Begleiter mit Namen Phobos und Deimos (das heißt Furcht und Schrecken). Lange Zeit waren sie recht rätselhaft geblieben, ja man hatte sogar vermutet, daß es sich bei einem von ihnen um einen künstlichen Himmelskörper handele, den die Marsmenschen gestartet hätten. Mariner 9 nun richtete seine Fernsehkameras auch auf Phobos (Deimos war zu weit entfernt, um zu scharfen Bildern zu kommen). Das Ergebnis war das faszinierende Foto in Bild 29, gewonnen aus 5540 km Entfernung. Phobos ist etwa 27 km lang und 18 km breit, von länglicher, kartoffelförmiger Gestalt und übersät mit mehr als ei-

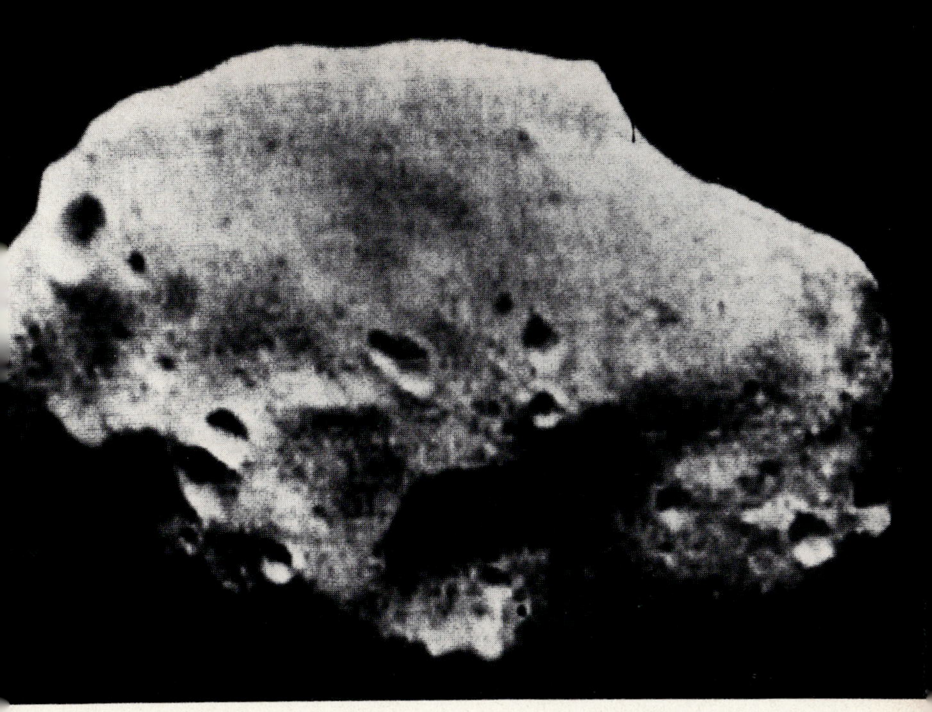

Bild 29. Das erste Bild eines Kleinen Planeten: Der Marsmond Phobos, aufgenommen von Mariner 9. Aufnahme NASA

nem Dutzend Krater. Der größte ist etwa 13 km groß. Genauso wird auch ein typischer Kleiner Planet aussehen, weil die meisten Kleinen Planeten ungefähr die gleichen Ausmaße haben und der Mars das Gebiet der Planetoiden nach der sonnennahen Seite abgrenzt. Es ist daher durchaus möglich (und sogar sehr wahrscheinlich), daß der Marsmond Phobos ursprünglich zu den Kleinen Planeten gehörte und vor langer Zeit dem Mars so nahe kam, daß er von ihm eingefangen wurde. Das heißt, der Mars lenkte ihn durch seine Anziehungskraft aus der ursprünglichen Bahn ab und zwang ihn in eine neue Umlaufbahn um sich selbst. Aber auch eine andere Überlegung zeigt die Ähnlichkeit zwischen Phobos und einem Kleinen Planeten: ihre Rotation.

Tag und Nacht auf Geographos

Alle Himmelskörper rotieren, sie drehen sich wie ein Kreisel um sich selbst, manche außerordentlich schnell wie z. B. der Jupiter in nur knapp 10 Stunden, manche sehr langsam wie die Venus in 243 Tagen. Man erkennt die Rotation meist an der Wanderung von Einzelheiten, z. B. Flecken oder dunklen Linien, über die Oberfläche.

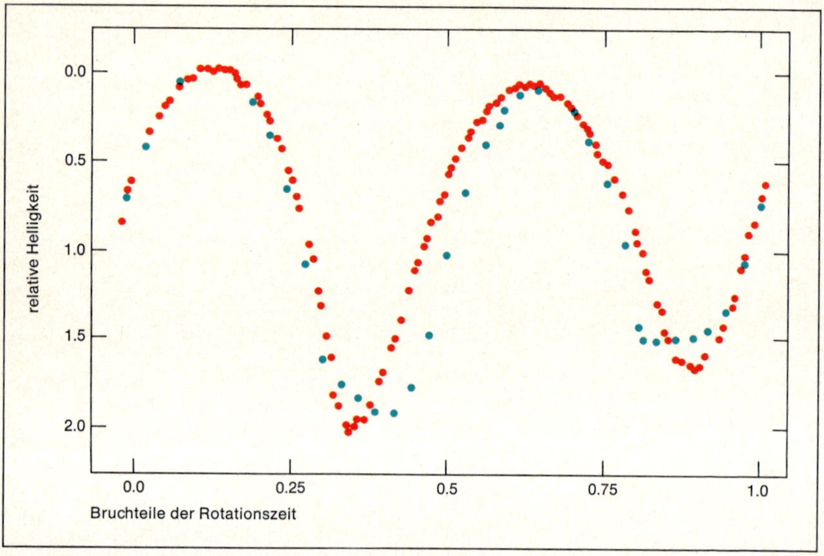

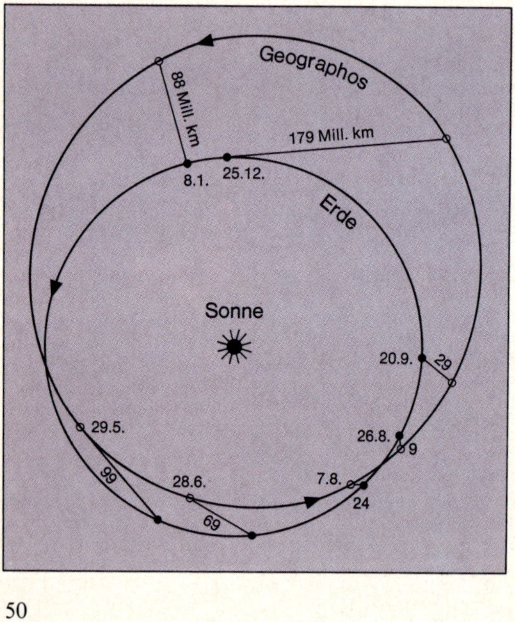

Bild 30 (oben). Rotationslichtwechsel von 1620 Geographos. Rote Punkte sind Messungen vom 31. August 1969, blaue Punkte Beobachtungen mit einem Modell wie in Bild 32.

Bild 31 (links). Erde und Geographos im Jahre 1969.
Bild 32 (rechts). Planetoidenmodelle von Dr. Tom Gehrels, University of Arizona.

Diese Möglichkeit scheidet bei den Kleinen Planeten aus, denn sie zeigen im Fernrohr ja gerade keine Strukturen. Doch angenommen, sie drehten sich tatsächlich, so müßte ihre Oberfläche uns einmal eine etwas dunklere Stelle, ein andermal eine etwas hellere zuwenden, denn völlig gleichmäßig geformt und gleich gefärbt dürften sie kaum sein. In diesem Fall müßte das zurückgeworfene Licht in seiner Helligkeit schwanken, je nachdem ob gerade eine dunkle oder helle Stelle zur Erde weist.
Tatsächlich haben die Astronomen seit etwa 1950 einen solchen Lichtwechsel bei einer Reihe von Kleinen Planeten gefunden. Der Grund, warum dies so spät geschah, ist einfach darin zu suchen, daß die Helligkeitsschwankungen zu gering sind, um sie bei einer Beobachtung am Fernrohr zu erkennen. Vielmehr lassen sie sich nur mit photoelektrischen Geräten nachweisen, die das Licht sammeln und elektronisch registrieren. Vor allem der amerikanische Astronom Dr. TOM GEHRELS vom Lunar and Planetary Observatory der Universität von Arizona hat sich diesen Messungen gewidmet und eine Reihe von sogenannten Lichtkurven Kleiner Planeten bestimmt – nach ihm trägt daher auch der Planetoid 1777 den Namen Gehrels. Als Beispiel sei hier die Lichtkurve des Kleinen Planeten 1620 Geographos angeführt (Bild 30), der sich der Erde hin und wieder stark nähert (Bild 31). Insgesamt sind bis heute etwa 50 Kleine Planeten mit einem Lichtwechsel beobachtet worden. Dabei

stellte sich heraus, daß sie alle ziemlich schnell rotieren, keiner länger als einen Tag. Die längste sicher bestimmte Rotationszeit besitzt der Planetoid 532 Herculina mit 18 Stunden und 48,8 Minuten, die kürzeste 1566 Icarus mit 2 Stunden 16,4 Minuten. Die Helligkeitsschwankungen sind sehr gering; lediglich 1620 Geographos leuchtet auf dem höchsten Punkt seiner Lichtkurve 3mal heller als am tiefsten, der Planetoid 8 Flora dagegen nur 1,01mal! Vor allen Dingen zeigte sich durch eine intensive Analyse, daß viele Kleine Planeten längliche, zigarrenförmige Körper sein müssen, die sich um eine kurze Mittelachse drehen. Sie wenden uns dadurch einmal ihre Breitseite zu (wir sehen also viel Licht) und dann ihre schmale Spitze (wir sehen entsprechend wenig Licht). Dr. GEHRELS und seine Mitarbeiter haben eine Reihe von Modellen gebaut, die sie im Labor mit einem Motor drehten, beleuchteten und dann das reflektierte Licht maßen. Lage und Größe dieser Modelle wurden so lange verändert, bis sich die beobachtete und die konstruierte Lichtkurve deckten. Auf Bild 30 sind die Ergebnisse für Geographos eingetragen. Die Übereinstimmung ist verblüffend genau. Geographos muß daher ähnlich wie das Modell ein zeppelinförmiges Gebilde sein, sechsmal länger als breit. Einige weitere Modelle zeigt die Abbildung. Auch sie ähneln teilweise stark der Mariner 9-Aufnahme des Marsmondes Phobos. Wir dürften hier also tatsächlich das Bild eines typischen Kleinen Planeten vor uns haben.

Planetoiden – Rohstoffquellen der Zukunft?

Auf der Erde werden die Rohstoffe knapp; Kupfer, Eisen, Öl und Zink reichen kaum noch bis zum Jahr 2000. Wie soll es dann weitergehen? Wenn man einmal ein wenig in das Gebiet der Science-Fiction-Literatur abschweift, könnten einige Kleine Planeten einen Ausweg eröffnen, denn einer von ihnen besteht vielleicht aus reinem Eisen.

Diese interessante Information verdanken wir dem amerikanischen Astronomen HANS G. HERTZ vom Goddard Space Flight Center in Maryland, USA. Ihm gelang es als erstem, im Jahre 1968 die Masse eines Kleinen Planeten zu berechnen, eine ungemein schwierige Aufgabe. Denn die Masse ferner Himmelskörper läßt sich nicht direkt bestimmen, sondern nur aus den Wirkungen erschließen, die das Gestirn auf ein anderes ausübt. Die wichtigste Wirkung ist die Gravitation, die allgemeine Massenanziehung, mit der die Sonne die Planeten und Planetoiden zwingt, um sie zu kreisen und die Erde den Mond, das gleiche bei ihr zu tun. Umgekehrt beeinflussen auch die Kleinen Planeten ihre großen Brüder, doch die Größe dieser

Bild 33. Farbfoto von Deimos, dem kleineren Mond des Planeten Mars, aufgenommen von Viking Orbiter 1. Auch Deimos ist ein ehemaliger Planetoid. Aufnahme NASA

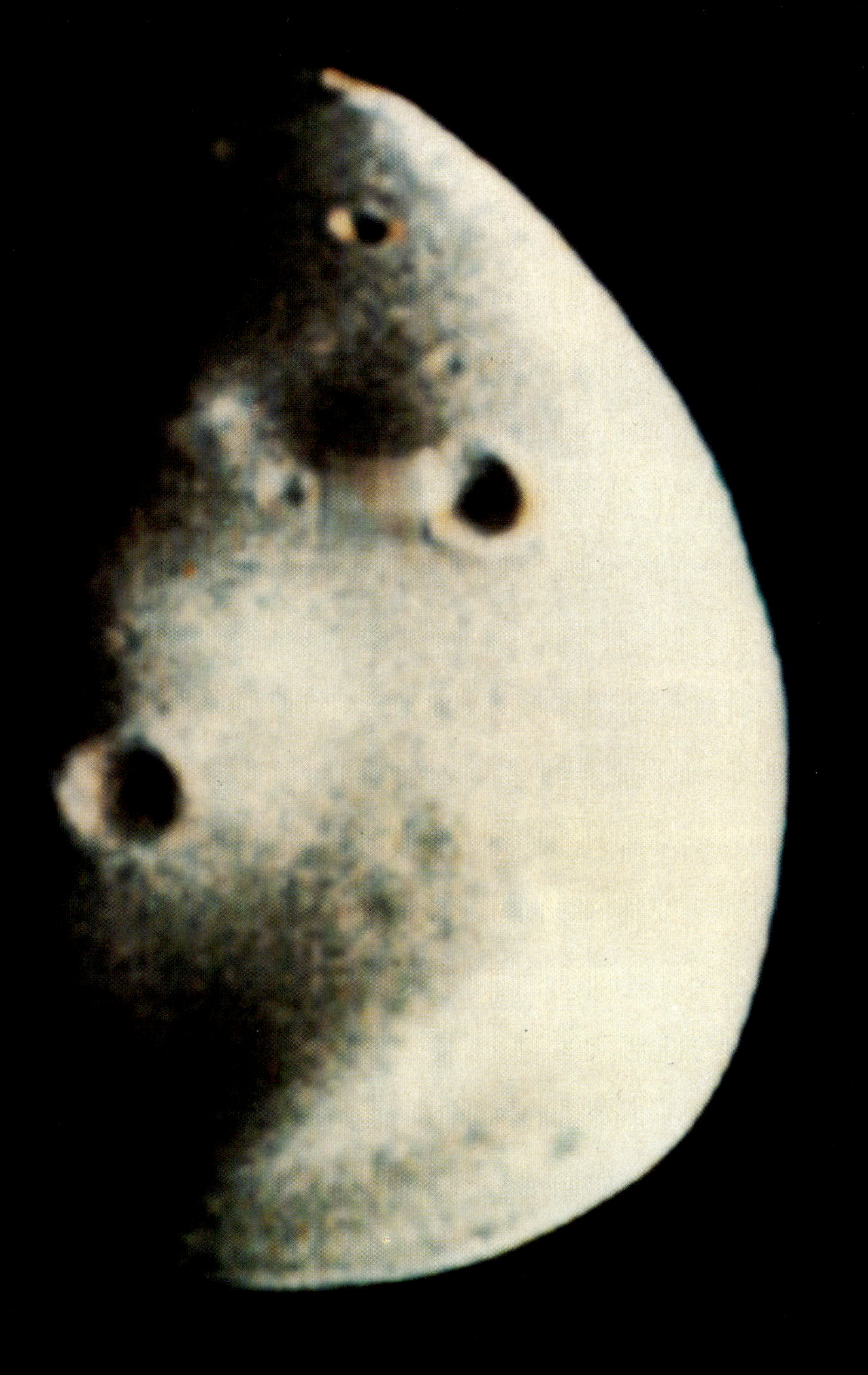

Einwirkungen ist unmeßbar klein. Anders sieht es natürlich aus, wenn sich zwei Kleine Planeten besonders nahe kommen und gegenseitig in ihrer Bewegung stören. Die Größe dieser Störung hängt direkt von ihrer Masse ab.
Genau das machte sich HANS G. HERTZ zunutze. Er fand, daß der am 21. Mai 1879 von JOHANN PALISA entdeckte Kleine Planet 197 Arete sich der großen Vesta alle 18 Jahre bis auf „nur" 6 Millionen km nähert. Bei jeder dieser starken Annäherungen beeinflußte Vesta die Bahn der kleinen Arete und zwang ihr eine andere Bewegung auf. HERTZ analysierte die Bewegung genau und erhielt schließlich einen Wert für die Masse der Vesta von etwa 230 Billiarden (230×10^{15}) Tonnen, das ist aber trotz der zuerst riesig erscheinenden Zahl nur ein Vierhunderttausendstel der Erdmasse! Nimmt man nun den von BARNARD bestimmten Wert für den Durchmesser der Vesta von 386 km (vgl. oben) und teilt ihre Masse durch ihr Volumen, so ergibt sich ein Wert von 8 Gramm pro Kubikzentimeter – das spezifische Gewicht von Eisen! Sollte die Vesta tatsächlich aus Eisen zusammengesetzt sein, hätten wir hier wirklich eine schier unerschöpfliche Erzquelle vor uns. Könnte man die Vesta aus ihrer Bahn ablenken und zur Erde bringen, wären unsere Rohstoffsorgen, zumindest was das Eisen anbelangt, vorbei. Allerdings soll auch nicht verschwiegen werden, daß modernere Messungen für Vesta einen größeren Wert ihres Durchmessers ergaben (s. Seite 46) und damit nur noch eine Dichte von 3 Gramm pro Kubikzentimeter – weniger als beim Erdball.
Wegen der Schwierigkeiten ist die direkte Massenbestimmung eines Kleinen Planeten bisher nur ein einziges Mal mit Erfolg wiederholt worden, und zwar von dem führenden deutschen Planetoidenforscher Dr. JOACHIM SCHUBART (=Planetoid 1911 Schubart) vom Astronomischen Recheninstitut in Heidelberg. Er nahm sich die Ceres, den größten aller Planetoiden vor und benutzte die Tatsache, daß Ceres und Planetoid 2 Pallas praktisch die gleiche Umlaufzeit um die Sonne haben. Sie laufen also ständig hintereinander her, und da man beide inzwischen schon 170 Jahre kennt, läßt sich eine gewisse gegenseitige Beeinflussung nachweisen. Dr. SCHUBART errechnete eine Masse der Ceres von 1200 Billiarden (1200×10^{15}) Tonnen und eine der Pallas von 300 Billiarden Tonnen. Ceres ist danach knapp fünfmal schwerer als Vesta oder Pallas. Da ihr Rauminhalt aber das Achtfache von dem der Vesta beträgt, ergibt sich nur ein spezifisches Gewicht von 5,1 Gramm pro Kubikzentimeter bzw. nur 2 Gramm pro Kubikzentimeter bei anderen möglichen Werten für den Ceres-Durchmesser. Man vermutet daher, daß sie aus Mineralien besteht, die man auch bei bestimmten Steinmeteoriten (s. unten), den sogenannten „kohligen Chondriten" findet.
Von weiteren Kleinen Planeten liegen bis jetzt keine direkten Massenbestimmungen vor, und sie dürften auch vorerst nicht zu erwarten sein. Die Planetoiden sind einfach zu klein und die Störungen, die sie auf ihre Geschwister ausüben, zu winzig. Aber schon die bisherigen Resultate zeigen, wie gering die Gesamtmasse aller Klei-

nen Planeten sein muß. Angenommen, sie wären alle so schwer wie die Vesta, dann hätte der gesamte Gürtel der Planetoiden nur etwa knapp die doppelte Masse der Erde.
In Wirklichkeit ist die Masse jedoch viel kleiner, allein schon weil die restlichen Planetoiden gegenüber Ceres und Vesta an Größe stark abfallen. Die bisher angestellten Schätzungen der Astronomen reichen von 0,4 bis zu einem Tausendstel der irdischen Masse. Der letzte Wert dürfte der Wahrheit wahrscheinlich am nächsten kommen – und er wirft gleichzeitig ein interessantes Schlaglicht auf die Frage, die sich nach diesen vielen Betrachtungen sicher auch Ihnen aufdrängt:

Woher kommen die Kleinen Planeten?

Es muß wirklich ein eindrucksvolles Bild gewesen sein, das sich den irdischen Lebewesen vor etwa 16 Millionen Jahren am Himmel bot. Inmitten der Sterne wanderten die Planeten, doch einer mehr als heute, ein brillanter Punkt – der Planet „Aztex". Doch plötzlich war er, ohne ein besonderes Zeichen zu hinterlassen, verschwunden. Er blieb es – bis zum Jahre 1801, als Piazzi die Ceres entdeckte. Denn Aztex war der Urvater der Planetoiden, seine Bruchstücke kreisen als Kleine Planeten um die Sonne.
So jedenfalls erklärt der kanadische Astronom Ovenden von der Universität in Vancouver die Entstehung der Planetoiden. Seine 1972 veröffentlichte Theorie ist allerdings nicht besonders neu, denn schon Wilhelm Olbers, der Entdecker von Pallas und Vesta, hatte 1802 vermutet, die Planetoiden seien die Bruchstücke eines vor langer Zeit geplatzten oder explodierten großen Planeten, der zwischen Mars und Jupiter kreiste. Diese Theorie hört sich in der Tat verlockend an, doch es bleibt die schwierige Frage, warum denn dieser Planet „Aztex" oder wie man ihn nennen will, eigentlich auseinanderflog, während die anderen alle erhalten blieben. Insbesondere gilt das für Ovendens Theorie, denn sein Planet soll 90mal schwerer gewesen sein als die Erde! Wenn man bedenkt, daß die Planetoiden jetzt alle zusammen gerade ein Tausendstel der Erdmasse besitzen, lautet die naheliegende Frage natürlich, wo denn die anderen Brocken von Aztex blieben.
Trotzdem war die Theorie, daß die Kleinen Planeten die Reste eines explodierten großen sind, lange Zeit hindurch die am stärksten vertretene, vor allem, als im Jahre 1928 der japanische Astronom Hirayama eine interessante Entdeckung machte. Er fand, daß manche Kleinen Planeten praktisch gleiche Bahnelemente hatten, sich also beinahe parallel durch den Raum bewegten. Diese „Planetoiden-Familien" wurden später von den Amerikanern Brouwer und Arnold intensiver erforscht, so daß heute insgesamt 91 Familien bekannt sind. Eine Planetoidenfamilie hat etwa 6 bis 83 Mitglieder. Als Beispiel sei hier die Familie 65 aufgeführt, die zu den kleinsten gehört:

Planetoid		a	e	i
174	Phaedra	2,587	0,146	12,151°
242	Krimhild	2,865	0,117	11,324°
918	Itha	2,836	0,189	12,103°
968	Petunia	2,866	0,138	11,529°
1067	Lunaria	2,873	0,193	10,307°
1240	Centenaria	2,870	0,173	10,166°

Bei einer solchen Übereinstimmung der Bahnen liegt natürlich der Verdacht nahe, alle seien aus einem Ur-Planeten entstanden, der durch einen Zusammenstoß mit einem anderen seine Bruchstücke auf einander ähnliche Bahnen auf die Reise schickte. Danach hätten ursprünglich im Gebiet des Kleinen Planeten mehrere von der Größe der Ceres oder Vesta gestanden, die sich im Lauf der Zeit gegenseitig zerschlugen und zerrieben. Gegenseitige Zusammenstöße dürften überhaupt die einzige Möglichkeit für ein Kleinerwerden und Zerbrechen der Planetoiden bilden.
Trotzdem sind manche Astronomen auch mit dieser Überlegung nicht einverstanden. Sie verweisen darauf, daß die Wahrscheinlichkeit für einen Zusammenstoß zwischen so verschieden großen Gesteinsbrocken zu klein ist und unmöglich die Riesenzahl der heute beobachteten Planetoiden erklären kann. Vielmehr sind danach die Kleinen Planeten zusammen mit den großen entstanden, und zwar schon von Anfang an in der Anzahl und Größe wie heute beobachtet. Bei der Geburt des Sonnensystems formten sich aus den heißen Gasen rund um die Sonne allmählich kühlere Brocken, die immer größer wurden und sich zu den Planeten zusammenballten. Insbesondere der Jupiter wuchs dabei auf eine enorme Größe an. Seine starke Anziehungskraft, die ja auch heute noch von ausschlaggebender Bedeutung für die Kleinen Planeten ist, verhinderte bei ihnen ein dichteres Zusammenschließen. Immer wenn die Planetoiden ansetzen wollten, sich zu einem größeren Planeten zusammenzufügen, zerstörte er den ominösen „Aztex“ wieder – so lange, bis die heiße Sonne so viel Urmaterie aus dem Gebiet der Kleinen Planeten weggetrieben hatte, daß gar nicht mehr genug da war, um noch einen größeren Planeten zu formen. Im Laufe der etwa 5 Milliarden Jahre zertrümmerten sich auch einige Planetoiden gegenseitig, so daß sie schließlich auf ihre heutige, wahrhaft astronomische Zahl anwuchsen.
Welche dieser Theorien nun richtig ist, wird man niemals klären können. Die meisten Astronomen neigen allerdings der letzten zu, so daß wir es dem Jupiter zu verdanken haben, wenn immer wieder Schlagzeilen wie diese erscheinen: „Planetoid Ikarus rast auf die Erde zu“ oder „Der Weltuntergang droht“. Denn gäbe es noch den „Aztex“, brauchten wir unser letztes Kapitel sicher nicht anzuschließen.

Die Planetoiden – Gefahr aus dem Weltall?

Es schien ein Tag wie jeder andere zu werden, heute vor etwa 15 Millionen Jahren. Die ersten Säugetiere bevölkerten die Erde, große Sumpfpflanzen wuchsen in üppigen Formen und Farben, auch im heutigen Mitteleuropa, wo sich damals gerade die Auffaltung der Alpen ihrem Ende zuneigte. Plötzlich tauchte am Himmel ein gleißender Lichtblitz auf, und in den nächsten Bruchteilen einer Sekunde schien sich die Hölle aufzutun. Eine ungeheure Explosion erschütterte die Landschaft, als ob 50 Wasserstoffbomben mit einer Sprengkraft von jeweils 10 Megatonnen zusammen explodiert wären. Bis zu 3000 Grad heiße, glutflüssige Gesteinsbrocken flogen in dichter Folge durch die Luft und zerstörten alles Leben, verbunden mit einer enormen Druckwelle, in einem Umkreis bis zu 200 Kilometern. Orkane und verheerende Niederschläge folgten. Als der ganze Spuk schließlich zu Ende war, klaffte in der Landschaft ein riesiger Krater, 24 Kilometer groß. Heute liegt in ihm, der inzwischen durch Verwitterung, Wind und Wetter wieder aufgefüllt wurde, die kleine Stadt Nördlingen, und das ganze Gebilde ist das bekannte Nördlinger Ries, zwischen der Schwäbischen und Fränkischen Alb.

Das Nördlinger Ries – ein Meteoritenkrater

Natürlich war bei dieser Katastrophe niemand zugegen, und doch sind die Forscher sicher, daß das Nördlinger Ries so entstand. Sie schließen es einmal aus der kesselartigen Lage inmitten des Gebirges, die den Eindruck hervorruft, hier habe eine Riesenfaust in den Boden geschlagen. Vor allem aber zeigen es die Mineralien, die im Ries zu finden sind, etwa das Suevit, das sogar ausdrücklich nach seinem Fundort Schwaben (lateinisch Suevia) benannt ist. Dieses Gestein sieht aus wie ein zu Fladen und Tropfen erstarrtes Glas. Glas kann sich aber nur aus einer glutflüssigen Schmelze bilden. Die einzige Möglichkeit, Gestein plötzlich zu schmelzen, bildet der Aufprall eines mächtigen Gesteinsbrockens, bei dem unvorstellbare Energien frei werden. Die Wissenschaftler vermuten daher, daß hier vor 15 Millionen Jahren ein etwa ein Kilometer großer Brocken mit einer Geschwindigkeit von 15 – 30 Kilometer pro Sekunde die Erde traf. Dabei erzeugte er im Einschlagszentrum, dem heutigen Nördlinger Ries, eine Druckwelle von 5 – 10 Milliarden Atmosphären, die den Gesteinsbrocken selbst so zusammenpreßte und erhitzte, daß er in wenigen Sekunden zusammen mit dem Gebirgsuntergrund verdampfte. Irgendwelche Reste des kosmischen Projektils sind also höchstwahrscheinlich nicht vorhanden. Trotzdem wird seit 1973 eine Versuchsbohrung im Nördlinger Ries niedergebracht, um die Veränderungen der Gesteinsschichten zu erforschen und eventuell doch irgendwelche Überreste des Meteoriten zu finden. Auch die Entstehung der Mondkrater stellt man sich so vor wie die des Nördlinger Ries. Die Astronauten des Apollo-Mondflug-

unternehmens machten daher geologische Studien im Ries, um zu wissen, worauf sie auf dem Mond zu achten hätten. Tatsächlich fanden sie dort ähnliche glasige Gesteine wie im Nördlinger Ries.
Eine solche Katastrophe hat sich nach dem jetzigen Stand des Wissens seitdem nicht wiederholt. Kleinere Aufpralle (die für die unmittelbare Umgebung aber nicht minder katastrophal waren) gab es aber doch. Das berühmteste Beispiel ist der Barringer-Krater im US-Bundesstaat Arizona, auch Canon Diablo genannt, bei dem man in der äußerst ebenen Landschaft ringsum sofort die Eigenschaft als Einschlagkrater erkennt. Er ist sogar so berühmt, daß eine private Firma das Gelände aufkaufte und die Besichtigung nur gegen Bezahlung eines kräftigen Obolus frei gibt. Der Barringer-Krater ist „nur" 1260 Meter groß und 173 Meter tief. Vermutlich vor etwa 20 000 Jahren traf die Erde hier ein Eisenbrocken mit einem Durchmesser zwischen 50 und 100 Metern (siehe Umschlagbild).
Selbst heute noch wird die Erde ständig von kleinen Gesteinsbrocken, den sogenannten „Meteoriten", aus dem All bombardiert, was Sie praktisch in jeder Nacht

Bild 34. Das Nördlinger Ries. Der Wolkenkranz zeigt deutlich den sonst kaum sichtbaren Kraterrand. Freigegeben vom Reg.-Präsidium Nordwürttemberg Nr. 2/14605. Luftbild Albrecht Brugger, Stuttgart.

sogar selbst sehen können. Es sind die Sternschnuppen, die durch winzige Staubkörnchen mit einem Gewicht von nur $\frac{1}{100}$ bis einem Gramm verursacht werden. Sie dringen in die Lufthülle der Erde ein, erhitzen sich durch die Reibung sehr stark und verglühen – dieses Licht führt zusammen mit einem Nachglimmen der Luft zu der schönen Spur einer Sternschnuppe. Fast immer werden die Teilchen dabei vollkommen zerstört, manchmal aber fallen sie auch herunter – wie zum Beispiel am 3. Januar 1970.

Was ist ein Kleiner Planet?

Um 20 Uhr an diesem Abend wurden die Bewohner der amerikanischen Präriestaaten Nebraska, Kansas und Oklahoma von einer mächtigen Feuerkugel aufge-

Bild 35. Der Meteorit von Lost City, gefallen am 3. Januar 1970. Aufnahme R. McCrosky, Smithonian-Institute.

schreckt. Als Feuerkugel bezeichnet man besonders helle Sternschnuppen, und diese war besonders hell, heller als der Vollmond. Kein Wunder, daß sie besonderes Aufsehen erregte, was aber nicht weiter beachtlich wäre, wenn nicht mehrere automatische Fotostationen des Smithonian-Institutes in Cambridge, Massachusets, USA, sie fotografiert hätten. Insgesamt 16 solcher vollautomatischen Stationen werden von diesem Forschungsinstitut unterhalten. Jeden Abend beginnen sie den Himmel zu fotografieren, um dabei die leuchtende Spur von Sternschnuppen und Feuerkugeln aufzunehmen. Werden diese von zwei Stationen gleichzeitig erfaßt, so läßt sich ihre Bahn vor dem Zusammenstoß mit der Erde errechnen. An diesem 3. Januar hatten die Forscher großes Glück. Zwei Stationen hatten die Feuerkugel fotografiert, und eine Nachrechnung der Bahn ergab, daß der Gesteinsbrocken, der die Feuerkugel erzeugt hatte, erstens direkt aus dem Planetoidengürtel stammen und zweitens in der Nähe des kleinen Städtchens Lost City (Verlorene Stadt) in Oklahoma gelandet sein mußte – falls überhaupt etwas von ihm übrig geblieben war. Eine sofortige Suchaktion hatte ein unerwartetes Ergebnis. Ein Mitarbeiter fand den 9,83 Kilogramm schweren Brocken tatsächlich nur 600 Meter vom vorausberechneten Ort entfernt – er lag mitten auf der Autostraße.

Der Meteorit von Lost City wurde so der erste und einzige, den man aufgrund von Beobachtungen seiner Leuchtspur auch am Boden wiederfand und dessen Bahn vor Eintritt in die Erdatmosphäre berechnet werden konnte (Bild 36). Die Tatsache, daß er direkt aus dem Planetoidengürtel stammt, zeigt, daß auch heute noch die Erde von kleineren Gesteinsbrocken aus diesem Gebiet erreicht wird. Sie zeigt auch, daß es zwischen einem Meteoriten, von denen man schon eine Reihe auf der Erde gefunden hat, und einem Planetoiden keinen Unterschied gibt. Beides sind unregelmäßig geformte Gesteins- oder Eisenbrocken, die sich nur durch ihre Größe unterscheiden lassen. Die Grenze ließe sich (ziemlich willkürlich) bei etwa einem Kilometer ansetzen, so daß der Körper, der das Nördlinger Ries schlug, ein Kleiner Planet war, der vom Barringer-Krater und der von Lost City dagegen ein Meteorit, was aber für die Auswirkungen auf die Erde keine Rolle spielt. Auf den ersten Blick scheint es daher, als ob der Erde auch heute noch ständig Gefahr von den Kleinen Planeten und ihren noch kleineren Genossen, den Meteoriten, drohe. Tatsächlich ist diese Gefahr aber doch ziemlich gering, denn wie die angeführten Beispiele zeigen, geht eine wirkliche Gefahr nur von den besonders großen Meteoriten (wie im Falle des Barringer-Kraters) oder den Kleinen Planeten aus – diese aber halten sich alle in sicherer Entfernung von uns zwischen Mars und Jupiter auf. Um hier herunterzustürzen, muß eine ganz entscheidende Voraussetzung erfüllt sein, die man auf kei-

Bild 35. Der Meteorit von Lost City, gefallen am 3. Januar 1970. Aufnahme R. McCrosky, Smithonian-die einzigen, deren Bahn vor Zusammenstoß mit der Erde bekannt ist. Sie stammen direkt aus dem Planetoidengebiet.

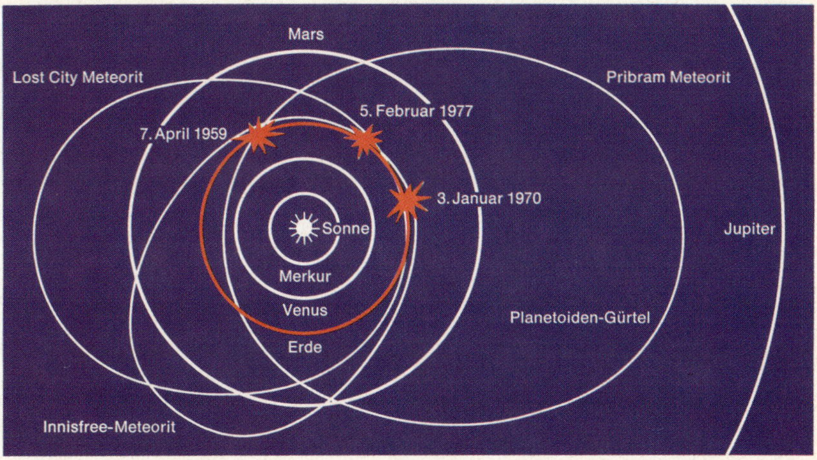

Bild 37. Aufnahme des Planetoiden Hermes durch Karl Reinmuth am 28./29. Oktober 1937 in Heidelberg.

nen Fall übersehen sollte. Es reicht nicht aus, daß der Planetoid der Erde besonders nahe kommt; er wäre dann viel zu schnell, als daß die Erde ihn etwa zu sich herunterziehen könnte. Vielmehr muß er den Kurs der Erde exakt schneiden, so daß es zu einem frontalen Zusammenstoß kommt. Gefährlich können also nur Planetoiden werden, die die Bahn der Erde kreuzen und näher an die Sonne herankommen als diese selbst. Solche Kleinen Planeten gibt es zwar, aber sie sind sehr selten und tragen, da sie völlig aus dem Rahmen der anderen fallen, nach der alten Regel der Kleinen Planeten männliche Namen. Es sind:

Die Apollo-Planetoiden

In der Nacht vom 28. zum 29. Oktober 1937 war Dr. Karl Reinmuth, König der Planetoidenjäger, auf der Sternwarte Heidelberg-Königstuhl wieder einmal mit der Himmelskamera auf der Pirsch. Er belichtete seine Platten jeweils zwei Stunden lang und war ziemlich sicher, daß er wieder einmal einen neuen Kleinen Planeten finden würde. Erst am 11. Oktober hatte er in einer Nacht gleich drei Planetoiden gefunden, nämlich 1438 Wendeline, 1439 Vogtia und 1440 Rostia. Doch beim Entwickeln der Platte war er selbst überrascht, denn eine Spur von 27 mm Länge hatte er noch nie gesehen (es blieb übrigens bis heute die längste Spur, die jemals ein Planetoid auf einer irdischen Fotoplatte hinterließ). Sie bedeutete, daß der Kleine Planet, der die Bezeichnung 1937 UB erhielt, sich außerordentlich schnell bewegen und damit auch dicht an der Erde vorbeigehen mußte. Er war so schnell, daß REINMUTH ihn schon in der folgenden Nacht nicht wiederfinden konnte. Aber zum Glück war er von drei anderen Sternwarten vorher zufällig fotografiert worden, so daß seine

Bild 38. Die Bahnen von acht Apollo-Planetoiden um die Sonne. Rot die Bahn der Erde.

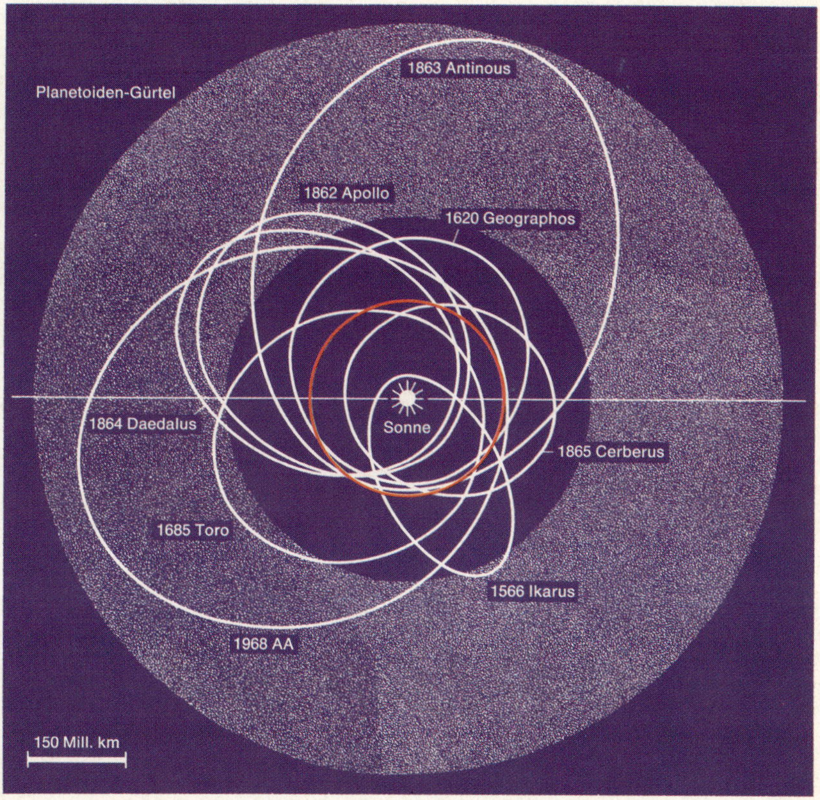

Bahn berechnet werden konnte. Das Ergebnis verblüffte alle. 1937 UB hatte sich danach der Erde im Oktober 1937 bis auf 770 000 Kilometer genähert – das ist weniger als die doppelte Mondentfernung. Kein anderer Planetoid kam der Erde jemals so nahe. Doch seitdem hat ihn niemand wieder gesehen; der Planetoid 1937 UB gehört zu den verlorenen Kleinen Planeten. Wegen seiner außergewöhnlichen Eigenschaften brachen die Astronomen aber mit der alten Regel, daß nur numerierte Kleine Planeten einen Namen erhalten dürfen und gestatteten, daß Dr. REINMUTH seine berühmteste Entdeckung Hermes taufte.
Hermes war jedoch keinesfalls der erste, der der Erde nahekam. Schon fünf Jahre vorher hatte Dr. REINMUTH einen weiteren, 1932 HA, entdeckt, bei dem man zum ersten Male fand, daß Kleine Planeten dichter an die Sonne herankommen können als die Erde. Wegen dieser Eigenschaft erhielt er gleichfalls einen Namen, obwohl die Beobachtungen nicht für eine so genaue Bahnbestimmung ausreichten, daß ihm eine Nummer gegeben werden konnte. Das war Apollo, nach dem später die gesamte Gruppe von Kleinen Planeten benannt wurde, deren Bahn die der Erde schneidet. Apollo hat übrigens eine interessante Geschichte. 41 Jahre lang blieb er verschollen, bis am 28. März 1973 den amerikanischen Astronomen SHAO und MCCROSKY die Wiederentdeckung gelang aufgrund einer Bahnanalyse ihres Kollegen MARSDEN. Die Entdeckung von Apollo war ein genauso stolzer Erfolg wie die von 155 Scylla (vgl. S. 43). REINMUTH ehrte seine Kollegen, die ihm Apollo wiederschenkten, indem er die von ihm gefundenen Kleinen Planeten 1880 und 1881 MCCROSKY und SHAO taufte. Insgesamt sind heute 18 Apollo-Planetoiden bekannt (s. Tabelle 4 am Schluß), einige ihrer Bahnen finden Sie in Bild 38. Nur sie könnten der Erde theoretisch gefährlich werden, zumal ihr Durchmesser zwischen etwa 300 Meter (Hermes) und ca. 5 Kilometer (Planetoid 1866 Sisyphus) schwankt – also alle so groß oder größer sind wie der Kleine Planet, der das Nördlinger Ries schlug. Und doch bleibt die Gefahr auch bei diesen 17 gering, wie das Beispiel ihres wohl berühmtesten Mitgliedes zeigt:

Der Flug des Ikarus

In der griechischen Sage war Ikarus der Sohn des Dädalus, dem es als erstem gelang, Flügel zu bauen und mit seinem Sohn aus der Gefangenschaft davonzufliegen. Ikarus aber stieg zu hoch empor, so daß die Sonnenstrahlen seine Wachsflügel schmolzen, er abstürzte und ertrank. Wohl bei keinem anderen Kleinen Planeten ist ein Name so gut gewählt worden wie bei ihm, dem Planetoiden 1566 Ikarus. Entdeckt am 26. Juni 1949 von dem deutschen Astronomen WALTER BAADE in den USA auf der Mount Palomar-Sternwarte, kommt er von allen der Sonne am nächsten – nur noch 27 Millionen Kilometer trennen ihn im Perihel seiner Bahn von ihr, das ist weniger als die Entfernung des Planeten Merkur. Ikarus ist überhaupt ein

Planetoid der Extreme, denn von allen Apollo-Planetoiden ist er einer der wenigen, deren Bahn ständig genau verfolgt werden kann und die sich regelmäßig der Erde stark nähern, so daß mit ihm auch immer wieder in der Boulevard-Presse der Weltuntergang verknüpft wird. Das letzte Mal näherte er sich der Erde am 14. Juni 1968 um 16.30 Uhr bis auf 6,25 Millionen km – immerhin noch die 16fache Mondentfernung. Wie gering die Gefahr aber damals war, zeigt Bild 39. Man darf nämlich nie aus den Augen verlieren, daß die Bahnen der Planetoiden in Wahrheit räumlich zu denken sind, und nicht, wie es auf der Karte der Apollo-Planetoiden den Anschein hat (sich aber zeichnerisch nicht anders darstellen läßt) allesamt genau durch die Erdbahn hindurchgehen. Planetoid Ikarus zum Beispiel bewegte sich südlich der Erdbahn und stand bei seiner größten Annäherung an die Erde unter ihr. Als er durch die Erdbahnebene hindurchging (das heißt im aufsteigenden Knoten stand), war er aber schon wieder 28,4 Millionen km von uns entfernt. Um zu einem Frontalzusammenstoß zu kommen, muß also auch noch der auf- oder absteigende Knoten des Kleinen Planeten genau in der Erdbahn liegen.

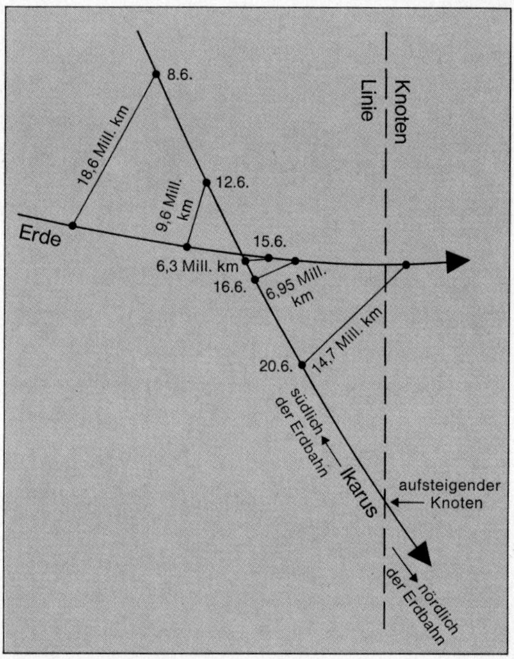

Bild 39 (rechts). Warum stieß Ikarus 1968 nicht mit der Erde zusammen?

Bild 40 (Seite 66 – 67). Meteoriten-Krater von Henbury in Zentralaustralien. Vor etwa 4000 bis 5000 Jahren traf hier ein größerer Meteorit die Erdoberfläche. Aufnahme J. Ekrutt

Wenn all diese Voraussetzungen berücksichtigt werden (nur Apollo-Planetoiden, nur wenn Knoten in Erdbahn, nur wenn beide exakt zur selben Zeit dort stehen), erkennt man leicht, wie gering die Chancen für einen Zusammenstoß mit der Erde sind. Trotzdem wäre es falsch, die Gefahr ganz auszuschließen; das Nördlinger Ries und die anderen Meteoritenkrater auf der Erde sprechen eine zu deutliche Sprache. Ständige Störungen der Bahnen der Kleinen Planeten durch die großen können andere Planetoiden zu Apollo-Planetoiden machen oder die Bahnen der schon vorhandenen so ändern, daß sie der Erde immer näherkommen. Auch sind die besonders großen Meteorite, die ebenfalls beachtliche Verwüstungen anrichten können, alle nicht bekannt, weil sie zu schwach am Himmel leuchten. Doch dürften auch sie sich zum größten Teil im eigentlichen Gebiet der Kleinen Planeten aufhalten und nicht auf Apollo-ähnlichen Bahnen. Alle möglichen Bahnänderungen spielen sich aber in Jahrmillionen ab, und zudem scheint der Planetoidengürtel nicht so stark besetzt zu sein wie befürchtet wurde, was die Raumsonden Pionier 10 und 11 zeigten. Man kann daher mit gutem Grund eine fast 100%ige Sicherheit für die Prognose annehmen, daß uns die Zerstörung unserer Umwelt nicht von den Kleinen Planeten her droht, sondern viel eher von uns selbst.

Tabelle 3: A. Griechische Helden (ca. 60° östlich [vor] Jupiter)

Name	Entdeckungsdatum		Entdecker (Ort)	Große Halbachse (in Astronomischen Einheiten)
588 Achilles	22. Februar	1906	Max Wolf (Heidelberg)	5,211
624 Hektor	10. Februar	1907	A. Kopff (Heidelberg)	5,121
659 Nestor	23. März	1908	Max Wolf (Heidelberg)	5,237
911 Agamemnon	19. März	1919	K. Reinmuth (Heidelberg)	5,133
1143 Odysseus	28. Januar	1930	K. Reinmuth (Heidelberg)	5,186
1404 Ajax	17. August	1936	K. Reinmuth (Heidelberg)	5,136
1437 Diomedes	3. August	1937	K. Reinmuth (Heidelberg)	5,143
1583 Antilochus	20. September	1950	S. Arend (Uccle, Belgien)	5,276
1647 Menelaus	23. Juni	1957	S. Nicholson (Mount Wilson)	5,222
1749 Telamon	23. September	1949	K. Reinmuth (Heidelberg)	5,267
1868 Thersites	24. September	1960	C. van Houten und I. van Houten-Groeneveld (Mount Palomar und Leiden)	5,181
1869 Philoctetes	24. September	1960		5,259

B. Trojanische Helden (ca. 60° westlich [hinter] Jupiter)

Name	Entdeckungsdatum		Entdecker (Ort)	Große Halbachse (in Astronomischen Einheiten)
617 Patroclus	17. Oktober	1906	A. Kopff (Heidelberg)	5,207
884 Priamus	22. September	1917	Max Wolf (Heidelberg)	5,185
1172 Aeneas	17. Oktober	1930	K. Reinmuth (Heidelberg)	5,165
1173 Anchises	17. Oktober	1930	K. Reinmuth (Heidelberg)	5,166
1208 Troilus	31. Dezember	1931	K. Reinmuth (Heidelberg)	5,166
1867 Deiphobus	3. März	1971	C. Cesco (Yale-Observatorium)	5,203
1870 Glaukos	24. März	1971	C. van Houten und I. van Houten-Groeneveld (Leiden) mit Aufnahmen von T. Gehrels (Mount Palomar)	5,210
1871 Astyanax	24. März	1971		5,333
1872 Helenos	24. März	1971		5,105
1873 Agenor	25. März	1971		5,246

Tabelle 4: Apollo-Planetoiden

Name	geringster Abstand zur Sonne in Astronomischen Einheiten	Große Halbachse in Astronomischen Einheiten	Durchmesser in km	Entdecker
1566 Ikarus	0,19	1,08	2	W. Baade
(1936 CA) Adonis	0,44	1,97	¼	E. Delporte
1976 UA	0,46	0,84 (!)[1]	⅕	E. Helin
1864 Daedalus	0,56	1,84	2	T. Gehrels
1865 Cerberus	0,58	1,09	1	L. Kohoutek
(1937 UB) Hermes	0,62	1,29	¼	K. Reinmuth
1973 EA	0,62	1,76	2	C. Kowal
1862 Apollo	0,65	1,49	1	K. Reinmuth, C. Shao und F. McCrosky
1685 Toro	0,77	1,38	2	C. Wirtanen
1976 AA	0,79	0,96 (!)[1]	½	E. Helin
1620 Geographos	0,83	1,24	2	A. Wilson
1947 XC	0,83	2,26	3	H. Giclas
1959 LM	0,83	1,36	5	C. Hoffmeister
1976 WA	0,83	3,99 (!)	1	H. E. Schuster
1950 DA	0,84	1,67	3	C. Wirtanen
1866 Sisyphus	0,87	1,88	5	P. Wild
1973 NA	0,88	2,29	3	E. Helin
1863 Antinous	0,89	2,24	2	C. Wirtanen

[1] Die beiden einzigen bis heute bekannten Planetoiden mit kleineren Halbachsen als die Erdbahn und kürzeren Umlaufzeiten als die Erde um die Sonne.

Register